内容提要

矿山生态修复是统筹山水林田湖草系统治理的重要内容,应积极开展矿山生态修复模式及再利用模式的探索,使矿山生态修复工作发挥更大的综合效益,带动区域社会经济发展。本书以重庆玉峰山废弃矿坑群为研究对象,采用文献研究法、案例研究法、实地调研法、多学科综合研究法等方法,根据矿山修复相关理论、政策法规、土地价值,提出生态修复与再利用过程中存在的问题。结合玉峰山废弃矿坑群遗迹资源的区位优越性、问题典型性、再利用开发示范性等进一步分析,基于再利用模式的修复技术与工程实践,提出矿山遗迹、科普展示、休闲旅游、生态农业、巴渝民宿等再利用模式的规划,科学指导玉峰山废弃矿坑群生态修复与再利用,为西南地区乃至全国其他类似废弃矿山生态修复及再利用提供参考。

本书可供矿山生态修复、城市规划与设计、风景园林、工程绿化、自然地理、草业科学、地质工程、设计艺术、水土保持等专业方向的科研和教学人员参考,也可作为科研院所和高等院校相关专业的教学参考用书。

图书在版编目(CIP)数据

重庆玉峰山废弃矿坑群生态修复及再利用 / 马磊等著. -- 重庆: 重庆大学出版社, 2021.11
ISBN 978-7-5689-3011-6

Ⅰ. ①重… Ⅱ. ①马… Ⅲ. ①矿山环境—生态恢复—研究—重庆 Ⅳ. ①X322.271.9

中国版本图书馆 CIP 数据核字 (2021) 第241184号

重庆玉峰山废弃矿坑群生态修复及再利用
CHONGQING YUFENG SHAN FEIQI KUANGKENG QUN SHENGTAI XIUFU JI ZAILIYONG
马 磊 李满意 李 成 司洪涛 著
策划编辑:杨粮菊
特约编辑:邓桂华
责任编辑:陈 力 版式设计:杨粮菊
责任校对:姜 凤 责任印制:张 策

*

重庆大学出版社出版发行
出版人:饶帮华
社址:重庆市沙坪坝区大学城西路 21 号
邮编:401331
电话:(023) 88617190 88617185(中小学)
传真:(023) 88617186 88617166
网址:http://www.cqup.com.cn
邮箱:fxk@cqup.com.cn(营销中心)
全国新华书店经销
重庆升光电力印务有限公司印刷

*

开本:787mm×1092mm 1/16 印张:12 字数:230 千
2022 年 1 月第 1 版 2022 年 1 月第 1 次印刷
ISBN 978-7-5689-3011-6 定价:168.00 元

重庆玉峰山废弃矿坑群生态修复及再利用

马 磊 李满意 李 成 司洪涛 | 著

重庆大学出版社

前　言

随着经济建设的快速发展，人类对矿产资源的需求日益迫切，在矿业取得巨大成就的同时，也造成了严重的矿山地质灾害和生态环境问题，其中露天矿坑已经成为破坏生态环境最严重的区域之一。大量历史遗留的废弃矿坑修复难、造价高，既对生态环境造成了破坏，还对土地资源造成了闲置浪费。

为加强对重要矿业遗迹资源的保护，响应国家合理开发矿产资源、改善投资环境和促进矿业企业的合理转型的号召，重庆市渝北区将玉峰山石灰岩矿山群的生态修复与矿坑遗迹、矿业生产活动遗迹及周边自然人文景观等组合在一起，进行整体保护、系统治理和科学利用，将矿山生态修复与区域经济转型发展及旅游产业开发建设结合起来，使玉峰山废弃矿坑群生态修复成为社会资金引入矿山修复的典型案例、山水林田湖草系统治理样板区、矿山生态修复示范基地、司法生态修复基地及科普教育基地。通过生态修复及再利用使废弃矿山转变为绿水青山，最终实现绿水青山就是金山银山的伟大目标。

通过查阅相关资料和文献，本书对废弃矿坑的相关概念、理论进行阐述，探讨废弃矿坑的类型与特征，总结分析废弃矿坑修复与再利用的现状及存在的问题，对废弃矿坑修复与再利用的国内外案例进行研究。通过实地调研、座谈等方式对玉峰山废弃矿坑群的自然资源本底、景观资源、矿业遗迹、社会人文遗迹及生态环境问题进行分析和评价，总结玉峰山废弃矿坑群的生态修复模式，结合玉峰山废弃矿坑群已开展的生态修复实践，提出玉峰山废弃矿坑群再利用的规划探索。

本书共分 7 个章节。第 1 章是绪论部分，主要包括矿山生态修复相关概念的概述，以及我国及重庆市矿山生态修复的现状与主要问题。结合废弃矿坑的类型与特征以及生态修复与再利用的价值提出再利用的意义。第 2 章对废弃矿坑生态修复及再利用的国内外研究展开讨论，对国内外生态修复法规及制度以及生态修复措施和方法展开讨

论，分析国内外废弃矿山的生态修复及再利用相关案例。第 3 章分析玉峰山废弃矿坑群区域的现状，包括矿坑群的概况、矿坑群区域现状分析与矿坑群现状特征总结。第 4 章通过对玉峰山废弃矿坑群的矿业遗迹调查评价进行分析，通过对矿业遗迹的调查与遗迹等级划分对矿业遗迹的再利用提出相关的建议。第 5 章分析玉峰山废弃矿坑群生态修复模式与再利用相关规划、原则，生态修复的模式、再利用的推进思路和模式的实践探索以及保障机制的建立。第 6 章通过对玉峰山废弃矿坑群生态修复的一期至三期工程的介绍，针对修复措施以及修复成效等方面展开探讨。第 7 章探讨玉峰山废弃矿坑群再利用的规划，其中主要包括矿山遗址公园实践探讨、地质矿产科普展示实践探讨、矿坑休闲旅游实践探讨、生态农业开发实践探讨及巴渝民宿实践探讨 5 个部分。

本书由马磊、李满意、李成和司洪涛 4 位技术研究人员设计构思框架，经多次集体研究讨论拟定提纲。其中，马磊负责前言、第 1 章和第 2 章，李满意负责第 3 章、第 4 章和第 5 章，李成负责第 6 章，司洪涛负责第 7 章。第 1 章由马磊、任杰编写，李满意负责审阅修改；第 2 章由李成、陈思编写，马磊负责审阅修改；第 3 章由司洪涛、朱冬雪编写，李满意负责审阅修改；第 4 章由朱冬雪、龚相文编写，李成负责审阅修改；第5章由李成、司洪涛负责编写，李满意负责审阅修改；第6章由马磊、董平、许文星编写，李成负责审阅修改；第 7 章由李满意、李少华、冯樊编写，司洪涛负责审阅修改。全书由马磊统稿，李满意、李成、司洪涛、任杰、陈思、朱冬雪、龚相文、董平、李少华、冯樊、许文星共同完成本书的图文编排工作。

本书在调研和写作过程中得到重庆市规划和自然资源局、渝北区规划和自然资源局、渝北区石船镇人民政府等单位给予的支持帮助，在此表示衷心的感谢。

希望本书的出版能够为废弃矿山生态修复及再利用提供理论指导和案例研究。限于作者的水平和时间，本书仍有疏漏之处，恳请读者予以指正。

编著者

2021 年 3 月

目 录

第1章 绪 论

1.1 矿山生态修复相关的概述

1.1.1 生态修复

生态环境是指影响人类生存与发展的水资源、土地资源、生物资源以及气候资源数量与质量的总称，是关系社会和经济持续发展的复合生态系统。21世纪以来，生态建设与环境保护成为人类共同关注的话题，成为世界各国坚持不懈努力解决的焦点。随着我国城镇建设的快速发展，房地产与城镇基础设施建设规模不断扩大，导致人类赖以生存的环境受到严重破坏，同时严重制约了社会经济的可持续性发展。这就要求人们在进行基础设施建设时要综合合理利用资源，保护人类原有的生态环境，美化人们赖以生存的人居环境，这是人类必须正视和认真对待的严肃问题（汤惠君 等，2004）。

我国是世界上为数不多，矿产资源种类较齐全的国家之一。随着社会、经济的发展，我国已成为矿产品生产和消费大国，在促进经济发展的同时矿产资源的开发利用造成了严重的生态环境破坏，成为制约我国经济、社会长远发展的重要因素。有关统计显示，我国因石料的大量开采、无序的挖掘、尾矿废渣、废石及固体废弃堆等所造成的水土流失和土地资源的破坏超过了6 000万亩*（张猛，2012）。废弃矿区已经成为

* 1亩≈666.67 m^2。

生态环境破坏最为严重的区域之一。生态环境状态成为衡量社会经济发展的重要标志，生态修复是恢复和保护生态环境的重要渠道。

生态修复是指通过人工方法，按照自然规律，恢复自然的生态系统。生态修复的目标不只是植被的恢复而是已经破坏或者退化的生态系统结构和功能的整体修复提升。生态修复的类型包括生态重塑、自然恢复、以自然恢复为主的生态重建 3 种类型。生态修复的目标不只是植被的恢复或者生物多样性的修复，而是要从自然生态系统和社会经济系统两大方面综合考虑，为当地居民提供更多、更完整的生态服务。

在本书中，生态修复是指废弃矿坑的修复，主要包括土壤修复、植被修复、水体修复、坑壁修复以及固体废弃物的处理等，通过对废弃矿坑修复整理，改善生态环境，实现对土地资源的再次利用。

1.1.2　矿山生态修复

矿山生态修复一般是指通过多种生态环境修复手段，对矿山开采导致的矿山生态系统破坏进行修复与重建，是一种平衡矿山开采与生态保护的手段，也是一种平衡人类发展破坏生态系统与生态系统保护的手段。通过矿山生态修复，将矿山开采活动受损的生态系统修复到接近采矿前的自然生态环境，或将生态系统恢复成与周边生态系统相协调的生态环境，也可以重建为给人们提供生态旅游环境的生态环境（方星 等，2020）。矿山生态修复主要包括矿山资源修复、矿山水文地质环境修复、矿山地表地质灾害修复、矿山土壤环境修复和矿山地形地貌景观的修复。

矿山资源的修复是为了实现矿山资源的高效利用，主要包括煤矸石的利用与存储，矿区建筑用地的规划及矿区人工建（构）筑物的损毁与重建等问题。煤矸石可以通过井下充填的方式来避免地表煤矸石山堆积，从而影响矿区建筑用地的可持续利用；矿山的水文地质环境修复一般是依靠水文监测点实时监测来掌握矿区的水文环境变化、水资源结构、水质等的变化情况。采空区的积水是矿区生态重建和矿区土地复垦过程中的重点修复项目（裴文明 等，2018），对地表水环境修复常常通过修复技术因地制宜地改造成渔业养殖基地；矿山的地表地质灾害修复一般是通过 InSAR 实现高精度的监测和预警，在矿山管理和修复建设过程中提前规避地质高发区，及时疏散人群，避免造成地表地质灾害对居民财产生命安全的威胁。矿山土壤环境修复一般通过对矿区土壤环境进行监测和评估土壤理化性质受损的情况，以及对地观测、光谱波段实时监测矿区地物的生物量以及叶面积指数等指标的受损程度来指导修复矿区的土壤环境质量，以便提高土地资源的利用效率。矿山地形地貌与景观的修复一般

针对的是受到露天或矿井开采产生的破坏，其中主要的核心是土壤重构和水系修复；景观修复多采用近自然植被恢复的方法，使生态系统的结构、功能与周边的自然景观和谐。

1.1.3 采石场废弃地生态修复

采石场废弃地是指采矿或采石过程中在其完成或终止采石功能之后，所遭到破坏、不经治理将无法使用的土地。它是矿业废弃地的一种类型，属于露天开采（李汀蕾，2013），这种类型的开采对当地的生态系统、植被、景观以及周围地区的环境造成严重的危害。随着经济的发展和城镇建设的加快，人类对石材资源的开发利用加强，有些采石场临时性关停，有些开采规划不规范，没有考虑采后恢复措施，造成部分采石场没有按照国家法律规定进行复垦，形成了大量的裸露岩石斜坡，带来了植被破坏、土壤流失、自然景观破坏等生态环境问题，威胁着社会经济的可持续发展。

采石场的废弃地生态修复主要难点在于采石场的石壁复绿，石壁的表面一般是光滑且无任何土壤和植被的生长，石壁不仅坡度大，而且高差大（图 1.1）。

图 1.1 典型采石场废弃地石壁

采石场废弃地的生态修复主要是进行滑坡、泥石流等地质灾害的防治以及植被的恢复。采石场废弃地生态修复的过程一般为废弃采石场现状调查，恢复治理总体规划，地质灾害防治，不稳定边坡、废弃坡、矿坑等的治理，最终实现植被恢复。采石场废弃地石壁的复绿技术是一个世界性的难题。在一些发达国家，如美国、德国、英国和日本等，较早开始重视坡壁绿化工作，研究出了一系列坡壁绿化工程技术（章梦涛 等，2000）。目前坡壁绿化技术主要包括种子喷播法、客土喷播法、植生吹附工法、

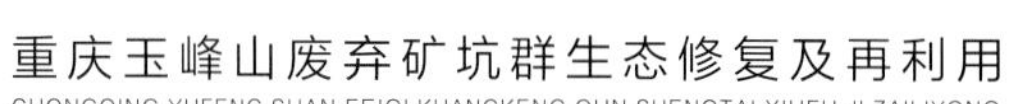

钢筋水泥框格法、植生卷铺盖法、纤维绿化法、厚层基材喷射绿化法、绿化网护坡、生态多孔混凝土绿化法、客土袋液压喷播植草法、挂双向格栅技术、植生基材喷附技术、生态植被袋生物防护、挂网植生基材喷附技术、生态植被毯铺植、生态灌浆、六棱连锁砖网格植草护坡等（刘志斌，2001）。厚层基材喷射绿化法和绿化网护坡一般用于岩石边坡的生态防护。生态多孔混凝土绿化法防护效果较好，但存在成本过高等问题。客土袋液压喷播植草法、生态植被袋生物防护、挂网植生基材喷附技术和厚层基材喷射绿化法普遍存在修复强度较低、持水能力较差、不耐干旱、只能用于缓坡等缺点。

1.1.4 废弃矿坑生态修复

废弃矿坑是指因采矿活动挖损、采石而形成的深坑，其周边为裸露岩质边坡。废弃矿坑破坏了大量土地资源，有的还伴随潜在的地质灾害风险，未经治理而无法使用。矿坑的坑底根据其地形的不同可分为坑内矿地和坑中坑两部分（曹琦，2012）。坑壁常常由陡峭的边坡围合而成，根据坑壁的组成成分，可分为石质坑壁、土质坑壁或者是土石混杂的坑壁，坑壁的倾斜度往往大于40°，大多数为80°~90°。坑底低于周边地平，坑内旷地大多坚硬，由采石遗留的碎石和土壤组成，植被很难生长，坑底有时存在坑中坑的现象，这些坑中坑因储存雨水而常年处于积水状态。

废弃矿坑生态修复包括矿坑底、矿坑壁、矿坑水以及矿坑周边影响区域的生态修复。本书中所定义的废弃矿坑群是指重庆渝北废弃矿坑群及其周边辐射影响区域损毁的土地的生态修复，其中包括土地资源和人居环境等的修复。

1.2 我国矿山生态修复的现状与主要问题

矿产资源开采是迄今改变地球表面景观和破坏地表生态系统的最大规模有组织的人类活动（Sophia et al., 2010）。矿产资源的开采活动是人类从事最早的生产活动之一，采矿工业作为冶金、建筑、道路、化工等行业的基础，支撑着国家经济的发展，推动着人类历史的进步。矿产资源的开发利用为现代化建设作出了巨大贡献，促进了我国

经济的快速发展，但是长时间、大规模、高强度的开采，导致矿产资源的过度开发对区域生态环境的负面影响日渐严重（Jim，2001; Clemente et al., 2004; Riley et al., 1995），随之带来的是日益复杂的环境问题，植被破坏、土地资源占用、水土流失、环境污染、水体污染、地质灾害等问题，严重制约了社会经济的可持续发展，加剧了对人类生存和社会发展的威胁。

1.2.1 矿山生态修复现状

矿产资源作为重要的能源和化工原料，在中国工业化和城市化的进程中起到了不可估量的作用。随着国家产业结构的调整和转型，传统的矿产业步入下滑阶段，甚至出现负增长的趋势，矿产资源开采遗留的大量矿区废弃地为社会带来了沉重的负担。我国矿区废弃地数量多、面积大、分布广泛且不均匀，复垦和修复严重不足。我国目前约有 6.6 万座矿山，2015 年至今已关闭了近 5 万座矿山，关闭的多以小型砂石非金属矿山为主。2017 年全国矿产资源开发环境遥感监测数据显示，全国矿产资源开发占用土地面积约 362 万 hm^2，其中，历史遗留及责任人灭失导致废弃矿山占地的 230 万 hm^2，在建/生产矿山占地 132 万 hm^2。2017 年全国新增矿山恢复治理面积约 4.43 万 hm^2，其中，在建生产矿山恢复治理面积约 2.82 万 hm^2，占 63.7%，废弃矿山治理面积约 1.61 万 hm^2。总共治理矿山 6 268 座（图 1.2）。根据遥感调查监测数据，截至 2018 年年底，全国矿山开采占用损毁土地约 5 400 多万亩，其中，正在开采的矿山占地约 2 000 万亩，历史遗留矿山占地约 3 400 万亩。

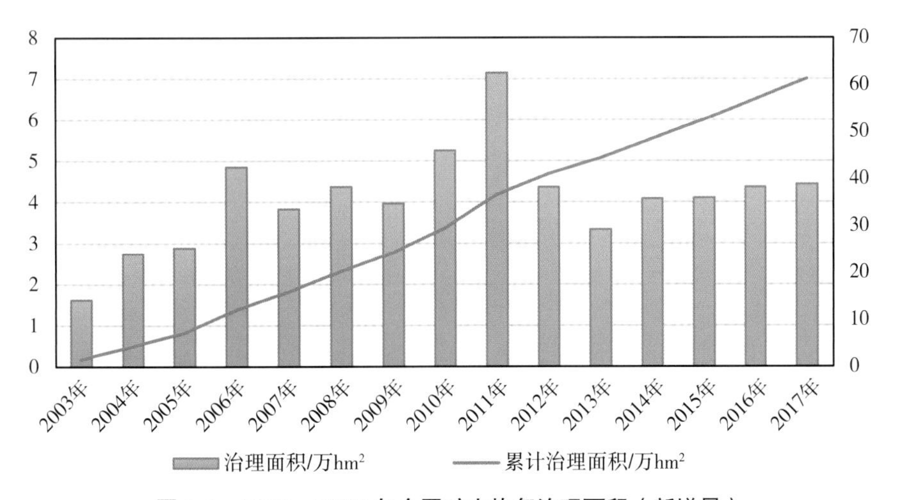

图 1.2 2003—2017 年全国矿山恢复治理面积（新增量）

1.2.2 矿山生态修复存在的问题

近 10 年，国家大力推进绿色矿山和矿山公园建设，资料汇总显示，自 2007 年国家启动矿山公园建设，批准了首批 28 个国家级矿山公园建设资格后，分别于 2010、2013、2017 年公布第二至四批建设名单，至此国家级矿山公园达 88 个。绿色矿山方面，2013 年 3 月，国土资源部（现改名为自然资源部，下同）发布了首批 37 个国家级绿色矿山试点单位，此后分别于 2012 年 3 月、2013 年 2 月、2014 年 3 月公布了第二批 183 个、第三批 239 个和第四批 202 个试点名单，四批名单共确定了 661 个国家级绿色矿山试点。截至目前，从中央到地方，支持矿山生态修复的力度不断加大。数据显示，截至 2017 年年底，全国用于矿山地质环境治理资金超过 1 000 亿元人民币，其中，中央财政安排资金超 300 亿元，地方财政和企业自筹资金近 700 亿元，全国累计完成治理恢复土地面积约 92 万 hm^2，治理率约为 28.75%，矿山治理恢复工作取得一定成效。

我国矿山环境的总体状况仍然处于局部改善、整体恶化的发展态势，形势不容乐观，主要存在以下问题：

（1）主体责任不清晰，历史遗留拖欠多

在长期计划经济体制下，没有建立起矿山环境保护修复制度，矿山企业没有在成本上预留足额的治理资金，使矿山尤其是老矿山遗留下沉重的地质环境包袱，在主体灭失、注销、转让、变更、延续时未明确相对应的责任义务与承担，在治理责任主体上存在相互推脱，导致欠账较多。加上矿山企业占地以外的环境治理与生态修复工作未纳入矿山企业职责范围。矿区周边影响范围的生态恢复治理职责尚未明确，矿区整体范围内的生态系统难以在环境自净和自然演替的作用下得以恢复平衡。

（2）法规标准不健全，监管审批待完善

一直以来，与矿山地质环境保护和质量有关的法律法规没有形成一个系统的、独立的、有针对性的法治体系，只是散见于其他大条规的下属范围中。加之行业技术标准不健全，执行边界模糊，使很多企业钻法律和规范的空子，开采矿山变得没有约束，更加肆无忌惮。同时，矿山地质环境保护与治理工作牵涉多个部门，很多地区没有形成统一的监管体系，没有真正落实矿山地质相关工作的责任到人的制度，导致很多被开采的矿山地区出现了“资源收益拿走、环境问题留下”的现象，缺乏有效的监管和社会公众的有效监督。

（3）责任意识较薄弱，修复资金无保障

矿产资源开发者的环境保护责任意识不强，只顾眼前短期收益，甚至出现采矿权人逃脱跑路、知法犯法的现象；政府主管部门监管不力，对环境问题所导致的惩罚力度不彻底，执法力度不坚决；地方百姓的环保意识不强，蝇头小利换来的是生活、生态环境的恶化，社会公众监督失效。资金投入不足的原因有很多种：有的是历史原因沉积下来的，有的是地方政府没有严格执行矿山地质环境保护和治理方面的职责，有的是企业在治理方面所投入的资金很少，无法保障矿山生态修复所需的资金及时到位。

（4）余量资源未盘活，政策创新需突破

我国矿山长期以来粗放开采，开发利用技术和标准规范相对落后，导致资源开发利用率不高，残余矿产资源的利用程度不高，在后期治理修复阶段，废弃关闭矿山仍还有部分余量资源，从技术和经济可行的角度分析，需要平整、放坡等，通过复垦达到生态功能的修复，但涉及采矿权属灭失，矿产资源属于国有资产，在治理修复利用余量资源上没有明确的法律法规和政策支持，是否存在国有资产流失的风险，政策上需明确和完善指导意见，否则，会造成治理效果不好，治标不治本，拖延放缓治理修复，出现旧账未完成，生态环境恶化进一步加大的趋势。

（5）治理目标太单一，生态功能未修复

我国矿山修复缺乏统一的规划治理体系，单点治理修复为主，并以简单的复绿为主，在生态修复技术上已很成熟，但对生态结构和功能的修复并未重视，未能与经济社会发展相结合，导致为了修复而修复，为应对督查而修复。在矿山开发前期，做好矿山生态环境恢复治理综合论证，用生命周期法全程监管运营，严格执行，做到矿山开发与环境保护协调发展，土地矿产综合开发利用。在治理后期，缺乏产业导入，治理目标单一，生态功能修复未能充分体现。

（6）矿业用地受局限，退出机制不完善

采矿用地的开采周期与土地出让时限衔接不足，导致矿山闭坑后土地闲置。根据法律法规的规定，采矿用地出让的最高期限是50年，但采矿用地的利用方式和使用期限由矿产资源自身的特点决定，一般适合露天开采的矿产资源，其采矿用地的使用周期可能仅有4～6年，有的甚至更短；需要进行地下开采的采矿用地，由于地下矿产资源的分布条件，使用期限可能远远超过50年。露天开采的矿山经过短短几年的生产周期，往往就成为闲置用地。矿业用地退出机制不健全，矿业企业矿山完成复垦后，土地难以置换或退还政府，无法进一步活化利用。目前尚未形成完善的采矿用地土地用途转化的政策支撑，导致矿山修复与活化利用难以有效推进。

（7）财税扶持力度不够，长效机制未建成

当前，我国矿山环境治理和生态恢复资金筹措的良性运行机制仍然欠缺，专项资金来源单一，涉及矿产资源收费部门多，部门收费使用方向不明确，地方政府投资积极性整体不高，部门经费整合效果不佳，部门间协调难度大，企业投资和治理意识淡薄。矿山环境治理与生态恢复中央专项资金资助范围有限，资金总量小，地方配套困难。中央矿山环境治理的专项资金来源主要是矿产资源补偿费和矿权使用费与价款，但是中央下达的专项资金估计只占三项收费收入的 10%～20%，占矿山历史所创利税的 1%，可见总体投资量不大。相对老旧矿山环境治理和生态修复实际资金需求，中央投入的资金远远无法满足需要。此外，矿山环境治理与生态恢复中央专项资金要求地方政府和企业配套，但因一些地方政府和企业财力有限等情况，实际到位配套率不高。加之财政拨付的专项资金的监督管理和绩效评价体系尚未健全，矿山生态修复长效机制亟待完善。

1.3 重庆市矿山生态修复的现状与主要问题

1.3.1 重庆市矿山生态修复现状

重庆市历史遗留矿山地质环境恢复治理任务重。重庆市人民政府办公厅印发的《重庆市历史遗留和关闭矿山地质环境治理恢复与土地复垦工作方案》（渝府办发〔2018〕55 号）显示，2018 年全市历史遗留和关闭矿山共 2 156 个，受损毁土地总面积 4 900.62 hm^2，其中，自然保护区内受损土地面积 237.4 hm^2、“四山”管制区内 1 401.58 hm^2、生态保护红线内 593.21 hm^2、其他区域受损 2 668.43 hm^2（图 1.3）。要求以平均每年 10% 的治理率进行矿山生态修复，力争在 2030 年前完成。

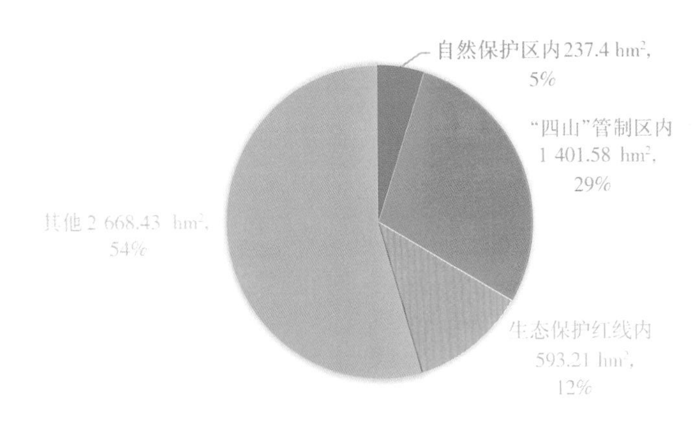

图 1.3 重庆市历史遗留和关闭矿山受损土地分布情况

2013 年重庆市首次以铜锣山片区为出发点，针对片区启动矿山生态修复工作，2017 年开始实施我市首个废弃矿山综合治理示范项目——玉峰山片区矿山地质灾害综合治理项目。2018 年实施生态地票以来，实现了统筹城乡区域发展、推动生态修复、增加生态产品、促进价值实现等多重效益。该类地票起始交易为 20.07 万元 / 亩，在扣除复垦成本后，农户与农村集体经济组织可按 85∶15 的比例进行分配。至 2020 年 9 月，当年地票交易成交量为 1.87 万亩，总成交金额为 37.498 亿元，其中历史遗留废弃矿山复垦指标首宗交易于 2019 年 11 月成交，成交金额达 277.46 万元，极大地激发了复垦主体参与复垦的意愿。

1.3.2 重庆市矿山生态修复主要问题

重庆市矿山种类包括砂岩矿、泥岩矿、石灰石矿、采煤沉陷区等不同类型，本书主要针对玉峰山石灰石矿山生态修复展开研究。

随着城镇化、工业化不断发展，我国土地资源面临“人多地少”的发展状况，虽然土地资源总量大，但是人均占用地却很少，人均占用的耕地就更少，土地资源变得越来越紧缺，用地矛盾日渐突出。城市的建设规模不断扩大，市场对建材的需求越来越大。为了降低运输成本，往往就近在城市郊区开采矿石，不可避免地遗留下大量的矿坑。随着城市规模不断扩大，一些位于城郊的废弃矿坑，被划进城市建设发展用地范围。近年来，随着资源枯竭以及对环境问题的重视，一些采石场陆续被关停。但缺乏生态保护意识以及未采取有效的修复措施，造成了严重的生态环境问题，其中矿坑成为破坏生态环境最严重的区域之一。大量开采后留下的矿坑由于修复难、造价高等问题被闲置废弃。这些废弃矿坑的存在不仅对生态环境造成了破坏，更是对土地资源的一种极大浪费。

①破坏自然景观，影响城市景观。开采矿山在占用与破坏大量宝贵的土地资源的同时，采掘剥离对覆盖其上的自然景观的肢解和蚕食相当严重（黄敬军，2006）。开采矿山会使地表植物荡然无存，露出大片裸地，破坏山体原有的自然景观的完整性和生态功能，通过卫星地图可以看到一个个的大小矿坑像遗留在大地上的“大伤疤”，印刻在人类赖以生存的地球上，对城乡的自然肌理造成了很大破坏，造成了严重的视觉污染，从而引发地貌和景观生态的改变（图 1.4）。随着城市规模的不断扩张，废弃矿山恶劣的生态环境严重影响了城市景观。

（a）破坏地形地貌

（b）破坏植被

图 1.4　矿山露天开采破坏地形地貌和植被

②破坏植被、水土流失和地质灾害。矿山开采不仅破坏了生长在表土中的各类植物的种群生存关系和土壤肥力，还影响周围动植物的生存环境。原有生态环境的破坏导致各类植物的覆盖率大大降低，从而使水土大量流失以及土地资源受到破坏（包维楷 等，2000）。矿山开采会改变地表以及山体的完整性和稳定性，常会引起各类地质灾害，如崩塌、滑坡、泥石流等（薛其山 等，2008），给矿区及整个城市的环境都带来了严重的影响，主要表现有土壤板结、空气污染、微气候扰动、生物多样性降低等，这些都直接影响生态环境的平衡以及社会经济的可持续发展（郑涛 等，2009；杨冰冰 等，2005）。

③土地资源和可用空间紧张。城市规模不断扩大，土地资源变得紧张，废弃矿坑往往占据着很大的面积，有的单个矿坑面积可达几百平方米甚至几千平方米，这是对土地资源的极大浪费。如果能对废弃矿坑修复并加以利用，可为国家的建设发展提供更多的土地资源和可用空间。

④玉峰山片区属于重庆“四山”管制区，对玉峰山片区的生态修复及产业规划主要实行分类保护和分级保护两种方法并用。结合玉峰山片区的生态环境特点，因地制宜，按照全市“一岛”“两江”“三谷”“四山”总体布局，进行渝北区山水林田湖草整体保护和系统修复以及再利用规划。渝北区基于矿业遗迹资源分布情况，以自然流域、行政边界、地形地貌、现状道路等为依据，确定项目总规划面积为 24.15 km^2，形

成“一心两环四区十园”的功能结构。

⑤玉峰山废弃矿坑群位于重庆主城“四山”之一的铜锣山北段，41 个废弃的矿坑呈串珠状，满目疮痍，令人触目惊心，不仅破坏了生态环境，也严重影响了整体形象和发展（图 1.5）。

图 1.5　玉峰山废弃矿坑群卫星图

1.4　废弃矿坑的类型与特征

1.4.1　废弃矿坑的类型

不同类型的废弃露天矿坑有不同的特点，进而有不同的再利用方式。目前，我国共发现矿种 170 多种，按其特点和用途分为能源矿产、金属矿产、非金属矿产和水气矿产 4 大类。本书研究对象为固体矿山开采后形成的废弃露天矿坑，不含水气矿产以及能源矿产中的石油、天然气、地热等。废弃露天矿坑可分为能源矿矿坑、金属矿矿坑、非金属矿矿坑 3 大类。废弃能源矿矿坑主要指煤矿矿坑，其重金属污染程度较低，

但伴有残煤自燃风险，受采矿工艺及矿体沉积的影响，坑体呈阶梯状。废弃金属矿矿坑中的酸性废水、重金属等在雨水的淋溶下会对土壤、水造成污染，治理需要大量资金及技术支持，矿体多呈纵向延伸，矿坑的深度较大。废弃非金属矿矿坑如凹陷露天采石场矿坑，通常伴有裸露岩石斜坡，一般为 40°～90°，甚至存在反倾石壁，且由于风化作用具有不稳定性（杨振意 等，2012）。

矿山生产建设规模通常用年产量表示。矿山按年产量高低可分为大型矿山、中型矿山、小型矿山 3 类。其中，露天煤矿、露天铁矿及常见的金属矿（如铜、铅、钨、镍等）均有统一的分类标准，采石矿因矿石类型不同规模标准不同，但比煤矿和金属矿均偏小。相对应地，矿山规模大，矿坑规模也相对较大。矿坑也可分为大型、中型、小型 3 类。

1.4.2　废弃矿坑的特征

对于废弃矿坑来说，废弃露天矿坑的特征主要表现为以下几点：

①坑体规模大。废弃露天矿坑的占地面积从几公顷到数百公顷不等。不同类型的矿坑挖深各不相同，根据矿藏埋深情况，坑底可低于地平面几十至几百米不等。

②回填难度大。原坑内的物质去向主要为外排土场和矿产资源。矿产资源不可能用于回填，而外排土场在矿山开采过程中就采取了土地复垦和生态修复等措施，加之最终的矿坑位置离外排土场位置较远，就需考虑从矿坑周边地区获取回填物。对回填物获取不易的地区，基本不可能回填。对回填物充足的地区，考虑工程量和经济成本，回填可能性一般较小。

③生态风险突出。废弃露天矿坑通常无表土、无植被，生态系统功能丧失，恢复困难。采场周围边坡岩体内的地应力重新分布，有些还伴有高陡边坡和积水，在不利的气候条件影响下，容易诱发地质灾害。

④综合治理难度大。废弃露天矿坑的坑体规模较大，生态修复和其他形式的再利用的规划设计、施工，难度较大。

本书主要阐述的矿山修复类型为废弃石灰石矿坑，以玉峰山废弃矿坑群为例。

1.5　废弃矿坑修复与再利用的相关理论解读

1.5.1　生态恢复理论

恢复生态学（restoration ecology）是研究生态系统退化的原因、退化生态系统恢复与重建的技术和方法及其生态学过程和机理的学科。对这一定义，总的来说没有多少异议，但对其内涵和外延，有许多不同的认识和探讨。这里所说的“恢复”是指生态系统原貌或其原先功能的再现，“重建”则指在不可能或不需要再现生态系统原貌的情况下营造一个不完全雷同于过去的甚至是全新的生态系统。恢复已被用作一个概括性的术语，包含重建、改建、改造、再植等含义，一般泛指改良和重建退化的自然生态系统，使其重新利用，并恢复其生物学潜力，也称生态恢复。

玉峰山废弃矿坑群矿山多年开采造成山体破坏，植被损毁，水土流失严重，大风扬尘，严重影响周边生态环境，制约了当地经济发展。玉峰山废弃矿坑群的生态恢复工作最关键的是生态系统功能的恢复和合理结构的构建。

1.5.2　可持续发展理论

可持续发展作为我国科学发展观的价值核心，对指导我国的生态修复工作起到至关重要的作用，可持续发展要求在不损害后代需求的前提下满足现代人们的需求，实现经济发展。社会进步、经济繁荣需要良好的生态环境作为保障，这对矿业废弃地的生态修复提出了更高的要求，不仅要修复现有的废弃地生态环境，还要对尚未开采矿区的生态资源进行调查研究；不仅要积极保护生态资源，还要治理已经遭到破坏的环境，保障城乡环境建设的健康稳定发展。

对玉峰山废弃矿坑群及其周边辐射区域展开生态修复及再利用时，既要满足废弃矿坑群区域当前发展的需要，又要有长远的计划使该区域未来稳定地发展，实现该地的可持续发展。满足不断变化的区域发展空间和需求，保持人、自然和社会相平衡，合理安排近期建设项目，切不可急功近利，只图短期效益而造成新的环境污染。

1.5.3 场所精神理论

场所精神从广义方面可理解为所在地方的地理、气候、风土等自然精神和它所孕育的人文精神；狭义方面则是指景观所在基地的地形地貌等自然条件和历史文化条件的利用及表现，是去理论的、生活化的、感觉的（视觉、触觉、听觉、味觉等）的场所。

废弃矿坑群作为矿山开采结束后遗留下的一种地貌特征，记载了一定历史时期人类文明发展的状态，具有强烈的人文与物化环境特征。玉峰山废弃矿坑在再利用的过程中要充分挖掘自身的独特的场所精神，尊重该区域原有的特征，以近自然植被恢复的方式结合矿山遗迹在历史、文化、艺术和科学等方面的价值，并充分发挥巴渝文化在历史、山水、民宿和建筑等方面的潜力，充分结合场所精神开展生态修复及再利用工作。

1.5.4 土地复垦理论

土地复垦是指在生产建设过程中，因挖损、塌陷、压占等造成的土地破坏，通过采取整治措施使其恢复到可供利用状态的活动。通过土地复垦对被破坏的土地进行修复，不仅可以改善生态环境，还可以通过土地整理为国家的建设提供更多可利用的土地资源。

通过对玉峰山废弃矿坑及其周边辐射区域的破坏土地进行生态修复，对适合复垦的废弃矿坑可以考虑进行复垦利用，提高土地资源的利用效率，致力于生态修复与开发利用共同发展，推进“旅游 +”的产业模式。

1.6 废弃矿坑生态修复及再利用的价值

1.6.1 社会经济价值

随着城市规模的不断扩张，大规模的石料需求导致山体的大量开采。在开采石料

的过程中大量土地资源和空间被浪费。在对玉峰山废弃矿坑群的生态修复及再利用规划建设过程中，不仅可以恢复生态系统的生态环境，还能提高土地资源的利用效率。通过对生态资源因地制宜的分类保护，可以使宝贵的生态资源可持续利用。同时，通过“旅游＋农业”和“旅游＋矿业”的“旅游＋”产业模式，可以促进废弃矿坑群及其周边辐射区域的生态环境保护，还能产生明显的社会经济价值。

1.6.2 历史文化价值

废弃矿坑和废弃工业生产遗迹都是矿石开采和生产遗留的历史痕迹，均属于矿业遗迹。针对废弃的矿产遗迹可以因地制宜地规划保留历史遗迹，充分发挥废弃矿坑群的历史文化价值。玉峰山石灰岩矿山群是我国典型的灰岩矿山遗址，它记录了从矿山缘起至兴盛时期再至矿山关闭的整个过程，是我国现代化发展历程的见证者。同时，矿山典型的空间分布和地形地貌特征，也是重要的地质矿产遗迹，具有重要的科普价值和历史文化价值。世界文化遗产名录中开始出现越来越多的工业遗址，如德国鲁尔工业区、戈斯拉尔的拉默斯贝格矿山等（王洁 等，2004）。

1.6.3 环境教育价值

自然资源是地球给予人类的巨大财富，但是随着社会的进步，人们越来越重视经济利益而忽视对自然环境的保护。为了城市的建设发展，人类开始开挖山体以及地面，遗留下大量的矿坑，不仅严重破坏了生态环境，还对周围居民的生活以及生命安全构成了一定威胁。遗留下的大大小小的矿坑犹如地球的伤疤，时刻警示着人类生态环境保护的重要性。玉峰山废弃矿坑群包含有水矿坑和无水旱坑，其形态各异，蔚为壮观，其中有12处矿坑水体多彩绚丽，具有较高的观赏价值和环境教育价值。

1.6.4 美学价值

废弃矿坑属于工业废弃地的一种，具有工业美学价值。玉峰山废弃矿坑群内的矿业生产遗迹主要分布于背斜槽谷地带，可分为矿坑群遗迹、生产工具遗迹、工业建筑遗迹等类型。废弃矿坑遗迹不再是赤裸裸的采矿台阶和冰冷的铁轨，而是充满异域风情的风景名片。工业活动和工业设施等是因人类的需求而产生的，它们的存在反映了社会发展的历程和特定时期人们的一种生活状态。这种表现社会发展过程的美学是有价值的。

1.7 再利用

社会经济不断发展、土地资源日益紧张、城市化不断扩张、经济结构不断变化，导致生态环境日益下降。“两型社会”及十八大、十九大报告中提出“加强生态文明建设”的倡议，突出的环境问题越来越被人们所关注。废弃矿坑的修复与再利用研究，无论从环境保护的角度，还是土地资源有效利用的要求来讲，都成为我国资源再利用的新课题。废弃矿坑的修复及再利用在节约了宝贵的土地资源的同时也为人类提供了良好的生活环境，并且可以促进城市扩张和资源的持续发展，带来巨大的生态效益、经济效益和社会效益，对社会的发展和人类的进步具有十分重大的意义。

矿产资源为人们的生产、生活提供了重要的物质基础，如果没有矿产资源，人们的生产和生活将会难以为继，甚至会出现混乱。在 20 世纪，工业革命后世界经济飞速发展，矿产资源被无序地过度开采，资源储备急剧减少（陈法扬，2002）。我国数量庞大的废弃矿坑引起了大量生态环境、土地资源、自然灾害等环境和社会问题。对废弃矿坑进行治理修复与再利用十分必要并具有重要的现实意义。废弃矿坑是因采石场而形成的深坑，是伴随着采矿活动结束而产生的人为遗迹。根据不同矿坑的不同特点，因地制宜地加以改造利用，是目前许多矿业大国所一贯推崇的革新式“资源再利用”途径。废弃矿坑可以有许多不同的用途，如储存液体燃料、武器、农副产品，堆存有毒的或放射性废料，改建成博物馆、研究中心、档案馆，进行旅游开发、坑塘养殖、矿坑土地复垦再利用等，这种”资源再利用”产生了新的经济效益，使矿坑这一原本废弃的资源地重获价值。随着社会经济的发展，废弃矿坑的再利用，无论从环境保护的角度，还是从资源综合利用的要求来讲，都是十分必要和有益的。

①废弃矿坑属于矿业废弃地中很重要的一部分，它往往位于城市中心或者是紧临城市，且占据很大的面积。在土地资源日益紧张的今天，如果能对废弃矿坑进行修复与再利用，可为城市提供更多的发展空间。

②矿坑见证了城市工业化发展，记载了一个城市的发展、兴衰的过程，是一段特定历史时期生产、生活状态的真实写照，有保留的价值及意义。同时，矿坑内遗留下来的各种机械设施，也具有历史纪念价值。如今城市的建设越来越千篇一律、特色不

足，如果将这些废弃矿坑保留下来，并在改造过程中与城市特色相结合，一定能打造出别具一格的城市景观形象，既能延续矿业文化又能保留城市的记忆。

③按照《中华人民共和国国民经济和社会发展第十三个五年规划纲要》(2016—2020年）提出的要求："要加强矿产资源开发集中地区地质环境治理和生态修复，推进损毁土地、工矿废弃地复垦，修复受自然灾害、大型建设项目破坏的山体、矿山废弃地"。《国土资源"十三五"规划纲要》(2016年4月14日，国土资源部正式公布）提出："完成750万亩历史遗留矿山地质环境治理恢复任务，工矿废弃地复垦力度不断加大"。

④玉峰山废弃矿坑群为玉峰山矿山公园的核心区域，通过对玉峰山废弃矿坑群修复与再利用，可为矿山公园的建设和发展锦上添花。通过对其修复与再利用的实践探索，将为整个西南地区乃至全国类似废弃矿坑的修复与再利用提供参考借鉴。

第2章 废弃矿坑生态修复及再利用国内外研究进展

废弃矿坑生态修复及再利用所涉及的学科比较多，综合了生态学、地理学、地质学、景观学、人文学、建筑学等多学科。本章通过对国内外废弃矿坑生态修复及再利用的研究进展和国内外生态修复及再利用案例的分析，作为玉峰山废弃矿坑群生态修复及再利用的实例参考与指导。

2.1 国内废弃矿山生态修复及再利用研究进展

2.1.1 国内废弃矿山生态修复法规及制度

我国关于矿山废弃地的综合治理工作起步比较晚，20世纪80年代之前废弃矿山的恢复治理方法基本都是自发造林或者造田，主要是改善当地居民的生活环境，维护矿区安全，缓解土地资源的压力。真正关于废弃矿山的恢复治理理论研究主要在20世纪80年代之后，进入90年代后才初具规模，废弃矿山的恢复工作有了突飞猛进的发展，近年来废弃矿山的恢复治理工作引起了各级政府部门的重视，恢复治理成功率以较快的速度逐年增长。但与国外的研究相比，国内的研究对废弃矿坑的修复理论相对较少，而且再利用的方式也较为单一，更多的是趋于单个项目的工程而缺乏多学科的融合交流，整体还处于试验阶段。国内在废弃矿山修复再利用方面考虑与土地开发、土地整理相结合，根据实际情况将废弃矿山开发改造成工业用地、居民用地、仓储用

地、养殖用地、耕地、旅游用地或绿地等（刘玉杰 等，2006）。废弃矿坑的生态修复技术主要包括减灾修复技术、工程修复技术、生态修复技术、生物修复技术 4 类。目前国内矿业废弃地相关的政策规定研究进展（图 2.1）。

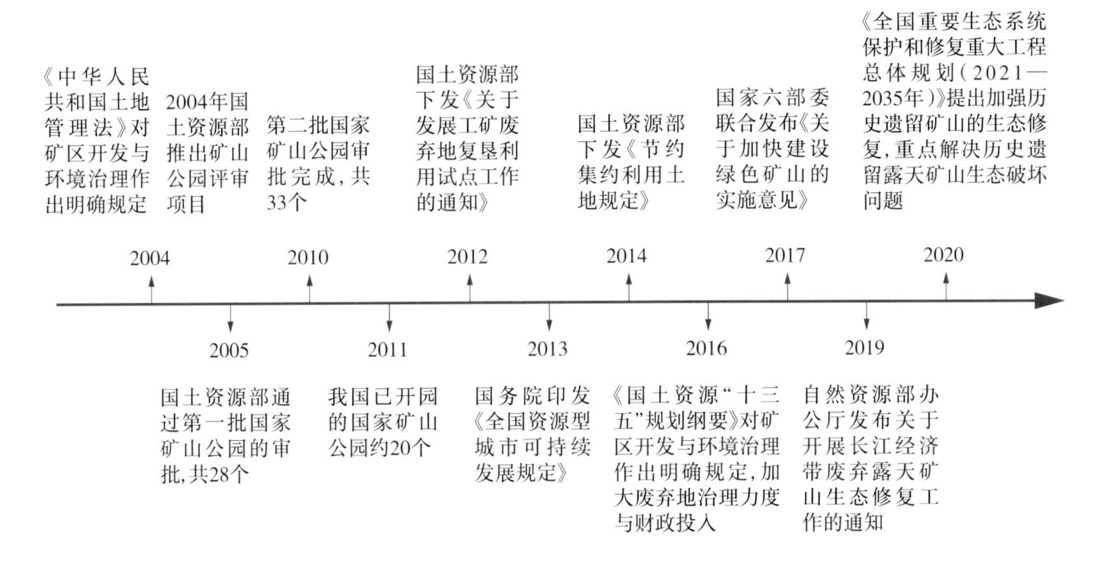

图 2.1　国内矿业废弃地相关法规及制度研究进程图

2.1.2　国内废弃矿山生态修复措施及方法

我国对矿山废弃地生态修复的研究起步较晚，开始于 20 世纪 80 年代，90 年代以后才初步形成一定的规模，研究领域主要集中在煤矿废弃地和有色金属尾矿植被覆盖等。左寻等（2002）对矿区经济的可持续发展和矿区土地复垦与生态重建的工程建设提出了重要建议。通过对矿业环境污染在城镇（地区）的主要表现形式进行分析并总结出矿区环境治理所面临的问题（张凤麟 等，2004）。废弃矿区生态环境破坏的主要类型与特征是矿区生态重建的基础（卞正富，2005）。通过调查矿山开采对环境的影响，提出了矿区生态修复规划建议。建立矿区土地复垦与生态重建的相关技术体系，涉及矿区生态系统受损分析、人工生态系统重建规划与设计、生态重建障碍因子分析、地形重塑工艺、土壤重构工艺和植被重建工艺等（李晋川 等，2009）。

近年来，我国土地复垦与生态重建的研究与实践发展迅速，与国外相比，国内废弃矿区侧重于重建过程中的水土流失、植被重建与恢复、景观格局变化方面的研究，技术方面的创新性研究不多，侧重于废弃矿区的植被恢复和土壤重构。

目前国内对矿区废弃地的研究主要是与土地开发、土地整治相结合的研究，根据实际情况将废弃矿山开发改造成工业用地、耕地、旅游景观和旅游用地、仓储用地、

养殖用地、军事用地或绿地。矿山环境问题因为矿产资源不同，其废弃矿山的治理关键问题也不相同。煤矿废弃地的环境问题为采空区、塌陷区、煤矸石堆等，其治理关键是对采空区的治理和对煤矸石堆的处理；有色金属矿山如铜矿、铅锌矿，其治理除了对矿坑的治理，还要对废渣堆进行化学处理，防止废渣堆等通过雨水的淋漓作用污染附近的土壤和地下水；废弃采石场主要进行滑坡、泥石流等地质灾害的防治以及植被的恢复。废弃采石场作为矿山废弃地的一种，其恢复治理过程为：废弃采石场现状调查→恢复治理总体规划→地质灾害防治→不稳定边坡、废弃坑、矿坑等的治理→植被恢复（图 2.2）。

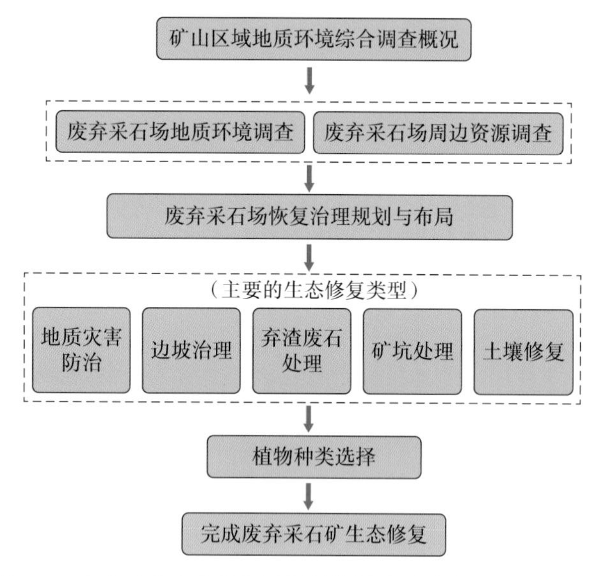

图 2.2　废弃矿山生态修复过程结构图（以废弃采石场为例）

2.2　国外废弃矿山生态修复及再利用研究进展

2.2.1　国外废弃矿山生态修复法规及制度

人类的开山取石由来已久，如古埃及的金字塔和中国的万里长城都是大量耗费石材的工程。当时的开山采石规模不大，消耗的石材也相对较少，对人类文明发展和生

态环境的影响相对较小。随着近代工业革命的发生和机器工业和技术的繁荣发展，导致了自然生态环境的破坏。西方发达国家最先进入工业革命时代，对工业废弃地的改造研究起步较早，对矿业废弃地带来的环境问题认识得较早，对矿业废弃地的修复与再利用方面的理论研究和成功的实践探索案例也较多，形成了比较成熟的法律法规体系（图 2.3）。

国外关于废弃矿坑修复与再利用的理论主要有生态恢复理论、环保主义理论、地域文脉主义理论、场所精神理论等。还有很多其他的成功案例，如英国康沃尔郡的“伊甸园”，通过在废弃的黏土坑上加盖穹顶，将其改造成了世界上单体最大的温室植物园；美国斯特恩矿坑公园，通过对废弃的采石坑进行修复，将其改造成了钓鱼池。这些国外的理论和成功案例，可以为重庆玉峰山废弃矿坑群生态修复及再利用提供有力的理论支撑和示范效应。

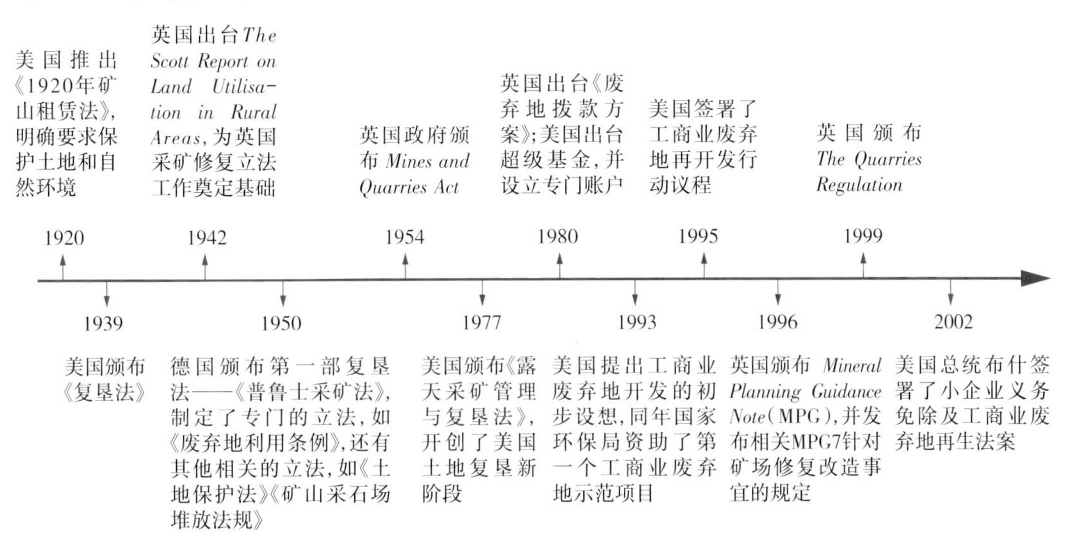

图 2.3　国外矿业废弃地相关法律法规进程图

2.2.2　国外废弃矿山生态修复措施及方法

国外城镇基础建设起步较早，采石场的生态环境问题较为突出，也较为严重，从 20 世纪初就开始了对采石场生态修复的研究及实践应用。英、美、澳等发达国家采矿年代最为久远。在 20 世纪中期对废弃矿坑的生态修复主要是通过将采石场的地形地貌特征保留下来，并通过设计强化、运用混凝土材料改造局地地形地貌，场地的特有痕迹通过用大地艺术的传统美学思想来修复废弃矿坑。从 20 世纪 70 年代开始，大地艺术家通过采用自然的材料和元素来改变或重构原有的空间，再通过有限的人工干预，达到与自然的对话和艺术表达。这个时期，景观设计师的工作是负责植被配植或者土地利用方面的工作，主要包括恶劣生态环境的处理，通过一些常规设施增加绿化覆盖面积，实现废弃矿山的生态修复和游憩功能，更侧重于实用性。20 世纪 90 年代之后更加注重生态学思想，废弃矿山的设施利用、资源的循环使用以及植被的再生利用都更加注重生态学效益（图 2.4）。在废弃矿山的修复工作中立足于现有资源，充分挖掘废弃地独特的景观特质，尊重地区文化、场地精神，注重可持续发展，从而带动地区经济的发展。

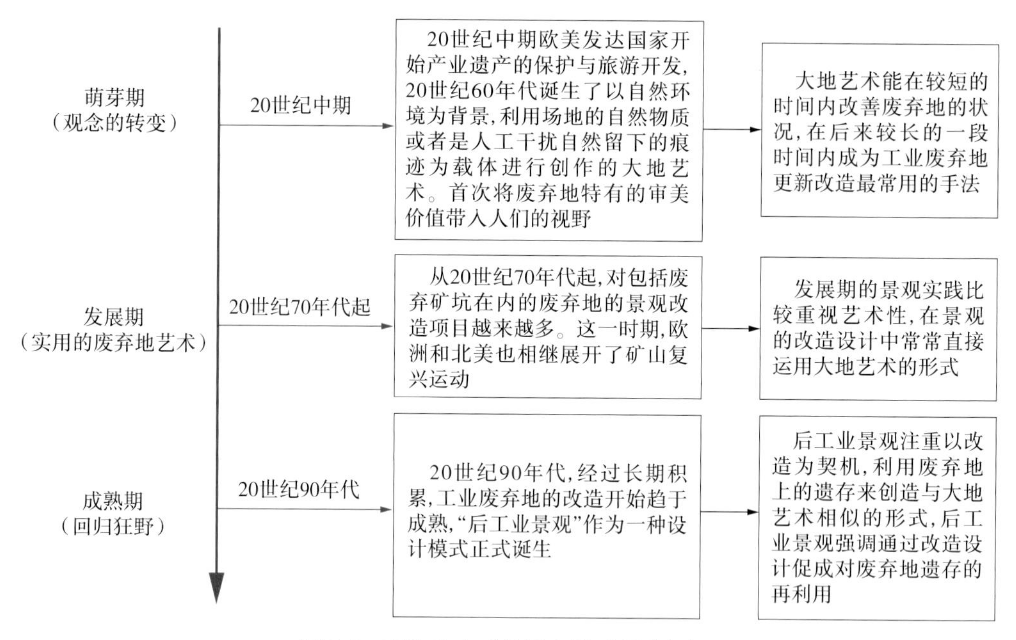

图 2.4　国外废弃矿坑研究的时间进程图

国外废弃矿坑生态修复主要以澳大利亚、英国、德国、美国、法国和日本等国家为典范（表 2.1）。澳大利亚作为世界上最先进的矿区土地复垦与生态重建的国家，通过综合治理、多领域合作和先进科技指导的方法，解决了单项治理不足的问题。在完成土地功能恢复的同时，还考虑了生态环境功能的恢复，最终实现土地、环境和生态的综合恢复（Riley，1995；代宏文，1995；Hancock，2003；周进生 等，2005；罗明 等，2012）。英国按照农业复垦标准复垦，并提出采矿与复垦同步进行的方针（金丹 等，2009）。经过多年的研究与实践，英国在露天开采矿坑、煤矿塌陷区和煤矸石堆积体等生态恢复方面积累了丰富的经验。德国矿山生态修复主要复垦为林业和农业用地。最终经过实验阶段、综合种植阶段和分阶段种植 3 个阶段，形成了以技术为先锋和以人才为基础的生态修复的科研技术网络（Lausitzer，1994；Siegfried，1998；梁留科，2002；潘明才，2002；李苓苓，2008）。美国在露天开采矿区的复垦工作中土壤改良、植被恢复、煤矸石等废弃物的综合利用等方面都有成功的经验。

表 2.1　国外废弃矿坑修复要求及措施

国家	要求	修复措施及方法
澳大利亚	多专业联合投入，并引入许多新计算机技术，现在已将复垦作为开采工艺的一部分	严管生产矿区的生态环境，坚持走可持续生态矿业之路
英国	按照农业复垦标准，同时保证采矿与复垦同步进行	发明了植物种子喷播和喷射乳化沥青技术
德国	不仅是种树或整地，而是从宏观上考虑生态的变化以及居民对环境的要求	在采矿过程中极其注意最大限度地减少破坏生态环境
美国	强调能够恢复为破坏之前的状态	保证地表不变和地下水位维持原有水平；注重有害和酸性物的预防和治理；防止堆积物产生滑坡等灾害
法国	在不改变农林面积的前提下，防治污染并恢复生态的平衡	露天排土场植草，以及土壤的活化；废弃排土场生态修复复垦后变成农田用地
日本	强调能够恢复为破坏之前的状态	开发了纤维土绿化方法，通过混合纤维、沙质土和泥，并呈台阶形喷射

2.3　国内外废弃矿山生态修复及再利用相关案例分析

2.3.1　国内废弃矿山生态修复及再利用相关案例分析

我国废弃矿山数量庞大，导致了大量地质环境问题，对废弃矿山展开治理修复十分必要且具有重要的现实意义。比较典型的有将矿坑群变废为宝的湖南省长沙市矿坑冰雪世界项目、上海佘山世茂深坑酒店、湖北黄石国家矿山公园、南京牛首山文化旅游区、唐山南湖城市中央生态公园、阜新海州露天矿国家矿山公园和五龙山响水河乡村旅游度假区（表 2.2）。

矿坑冰雪世界项目以自然与人文和谐共生的理念，通过将冰雪世界修建在水泥矿山采石坑和湖上端。充分利用采石矿山高 170 m 的跨度优势打造成极具雕塑感的冰雪世界，创造了一个集冰雪乐园、岛屿、水、悬崖为一体的，具有全新功能的休闲空间，

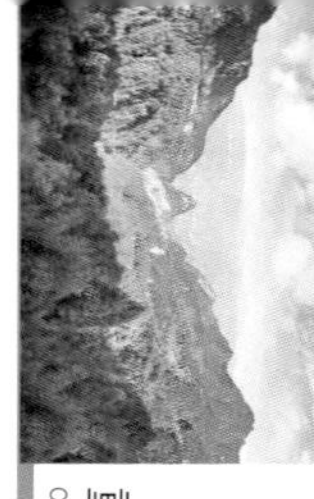

表 2.2　国内外废弃矿坑修复与再利用案例总结

案例	位置	时间	原先用途	规模	改造方式	主导方式	设计特点	借鉴
长沙市矿坑冰雪世界项目	城区	1958 年	废弃水泥厂矿坑遗址	100 m 深,敞口面积 80 000 m^2 深坑	综合治理与再利用	企业主导	1. 利用城市化过程的“伤疤”，将其蜕变为新的城市地标 2. 将废弃矿坑这一工业遗址转化为活力四射的体验式“两型”主题乐园	1. 保留废弃矿坑的特点进行改造 2. 利用遗留的废石废渣来重塑地形
上海佘山世茂深坑酒店	城区	1959 年	采石场	88 m 的深坑,面积 36 800 m^2	综合治理与再利用	企业主导	1. 利用城市化过程的“伤疤”，将其蜕变为新的城市地标 2. 保留原有野趣，尊重自然生态。保留了 200 余株野生树木及植被，充分利用废石渣	1. 利用遗留的废石废渣来重塑地形 2. 尊重自然，充分利用废弃矿渣
湖北黄石国家矿山公园	郊区	226 年	该矿可生产 7 种矿石产品，如铁、铜、硫、钴、金、银等	东西长 2 200 m、南北宽 550 m、最大落差 444 m、坑口面积达 1 080 000 m^2，公园占地 23 200 000 m^2	综合治理与再利用	企业主导	1. 利用保留自然生态特色，保留矿业遗迹和生产遗址，尊重自然生态的演进 2. 深入挖掘矿区历史人文特点。将工业建筑物、构筑物的功能重建。以及对工业废弃物进行艺术改造	1. 保留废弃矿坑的特点进行改造 2. 尊重保留自然生态特色和尊重场地历史文化
南京牛首山文化旅游区	近郊	1937—1958 年	铁矿坑	60 m 深，直径达 200 m，积水 30 m 的矿坑	综合治理与再利用		通过生态修复和文化导入，重建牛首山的生态系统，在矿坑的基础上建设佛顶宫，实现生态修复与文化修复的目标	保留自然生态特色和尊重场地历史文化
唐山南湖城市中央生态公园	城区	1996 年	采煤沉陷区	1800 m^2 的大面积采煤塌陷区，50 m 高、800 000 000 m^3 的巨型垃圾山	自然恢复与再利用	政府主导	1. 因地制宜地利用原有的地形和环境进行景观设计 2. 充分利用场地原有资源 3. 运用新的土壤和水的污染治理方案	1. 尊重自然，充分利用原有地形地貌 2. 采用新的技术方法进行生态修复

阜新海州露天矿国家矿山公园	城区	2005 年	煤炭资源枯竭	长 4 000 m、宽 2 000 m、垂深 350 m 的长方形人工废弃矿坑。此外，占地 14.8 km^2 的海州露天矿外排土场堆积矸石 85 000 000 000 m^3	生态恢复与景观再造		1. 对矿坑进行分类，针对不同类型的矿坑提出不同的改造方案 2. 充分利用场地原有资源	1. 充分利用场地地形地貌资源 2. 因地制宜地采用恢复措施
五龙山响水河乡村旅游度假区	郊区	2010 年			综合治理与再利用	企业与政府主导	1. 政府政策支持，积极引导社会资本参与 2. 整体设计，分批治理 3. 因地制宜，因势利导 4. 文旅结合，传承场地文化精神	1. 加大社会资本的投入 2. 尊重场地历史文化 3. 因地制宜地规划生态修复与再利用
加拿大布查特花园	郊区	1904 年	废弃水泥厂	废弃水泥厂，布查特花园占地 120 000 m^2，分 4 个大区	生态恢复与景观再造	个人	1. 充分利用场地原有地形资源 2. 采用客土移植，分区治理 3. 多层次的景观设计	1. 遵循近自然植被恢复准则 2. 是市郊石灰石采石场生态恢复和景观再造的典型模式
日本国营明石海峡公园	郊区	20 世纪 50 年代	采石采砂场	1 060 000 000 000 m^3 的砂石，挖掘深度达 100 m 以上，构成范围达 140 000 000 m^2 左右的裸露山体	生态恢复与景观再造	企业与政府主导	1. 尊重自然，坚持“使园区得到生命的回归”的修复主题 2. 采用“大地艺术”和“水景”手法，在生态恢复的基础之上寻求人与人的交流以及人与自然对话的场所	1. 尊重自然，采用近自然植被恢复措施 2. 充分利用场地地形地貌特征，采用艺术的手法达到人与自然的和谐相处
法国 Biville 采石场	郊区	1989 年	采石场	有一道 450 m 长、宽度均匀的直线形裂缝，呈 45° 的边坡贫瘠而凹凸不平的采石坑，并且海拔落差范围为 20 ~ 40 m	生态恢复与景观再造	企业与政府主导	1. 保留采石场采石过程痕迹 2. 采用近自然植被恢复的方式，促进生态系统的自我恢复 3. 通过引入一系列引导水流设施，使其谷底形成湖泊	1. 保留采矿历史痕迹，传承工业文明 2. 通过人工辅助措施促进生态系统的自我恢复
英国伊甸园				位于英国康沃尔郡，在英格兰东南部伸入海中的一个半岛尖角上，总面积达 150 000 m^2	生态恢复与景观再造	企业与政府主导	1. 围绕植物文化打造并融合高科技手段建设 2. 具有极高科研、产业和旅游价值的植物景观性主题公园	1. 全方位通过高科技技术手段围绕植物文化展开集科研、产业和旅游价值于一体的植物景观性主题公园 2. 生态科普的一种重要手段和方式

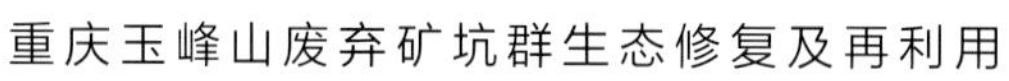

悬崖边的步道和坡道将建筑与自然遗产连接起来，打造成世界唯一悬浮于深坑之上的冰雪游乐项目，迄今为止是世界上最大的室内冰雪乐园（图 2.5）。

（a）修复中

（b）修复后

图 2.5　长沙大王山冰雪世界效果图（图片来源于网络）

上海佘山世茂深坑酒店，又被称为“地质坑五星级酒店”，是全球首座在废弃矿坑内建成的自然生态酒店。深坑酒店为了解决废弃的损毁土地，改善当地居民的人居环境，规划设计时采用因地制宜的原则，发挥悬崖壁和深潭的优势，结合景观瀑布形成空中花园，创造出独一无二的生态环境。酒店附近还规划有大型健体娱乐中心、海底世界、水上公园、超级电影院、购物中心、风情度假村等配套服务设施，整个项目融入绿色自然建筑理念，力求营造一个“依附于独特自然地形、层层生长的空中花园”（图 2.6）。

（a）深坑实施前

（b）深坑酒店效果图

图 2.6　上海佘山世茂深坑酒店项目实施前与效果图对比（图片来源于网络）

湖北黄石国家矿山公园为了解决采矿导致的土地裸露、植被稀少和生态环境恶劣等问题，当地政府在生态恢复及再利用过程中按照尊重场地历史的原则最大限度地保留了采矿遗迹，通过近自然植被恢复方式将东西长 2 200 m、南北宽 550 m、最大落差 444 m、坑口面积达 108 万 m^2 的露天矿坑打造成黄石国家矿山公园核心景观。公园开发建设遵循尊重场地历史文化的原则，通过黄石国家矿山公园弘扬矿冶文化，再现矿

冶文明，展示人文特色，提升矿山品位，打开旅游新思路，将公园定位为“科普教育基地、科研教学基地、文化展示基地、环保示范基地”（图 2.7）。

（a）生态修复前

（b）生态修复后

图 2.7　黄石国家矿山公园实施前后对比图（图片来源于网络）

南京牛首山文化旅游区以“补天阙、修圣道、藏地宫、现双塔、兴佛寺、弘文化”为核心设计理念，全面保护牛首山历史文化遗存，修复牛首山自然生态景观。在生态修复及再利用的过程中充分发挥了废弃矿坑的历史文化价值和环境教育价值，将牛首山打造成占地总面积为 49.37 km^2 的集世界佛禅文化、儒家治道文化、郑和海洋文化、江南诗词文化和江南生态文化于一体的旅游胜地（图 2.8）。

图 2.8　南京牛首山文化旅游区（图片来源于网络）

唐山南湖城市中央生态公园是为了改善解决开滦多年开采形成的采煤沉降区植被稀少、土地资源浪费的问题，同时为了改善当地居民的人居环境，当地政府按照近自然植被恢复原则，通过对现状湖面进行清污，抽干湖水，清除垃圾，形成干净的水域。另外，通过湿地休闲旅游的再利用模式打造田园小网格、边缘公园、绿地草场、芦苇地等生态网络，充分发挥生态美学，使采煤塌陷区形成了特色景观（图 2.9）。

图 2.9　唐山南湖城市中央生态公园（图片来源于网络）

阜新海州露天矿国家矿山公园是第一个枯竭型城市转型试点的新亮点，当地政府为了解决制约当地经济发展和人居环境的废弃矿山，按照生态优先、绿色发展的原则，将长 4 km、宽 2 km、垂深 350 m、海拔 −175 m 的世界上最大人工废弃矿坑打造成总占地 28 km^2，集旅游、考察、科普于一体的工业遗产旅游资源，也是全国第一个资源枯竭型城市转型试点的新亮点（图 2.10）。

图 2.10　阜新海州露天矿国家矿山公园（图片来源于网络）

五龙山响水河乡村旅游度假区为了提高当地的经济发展，按照“荒山治理 + 旅游开发”的模式，通过治理废弃矿山，建成了集水上乐园、酒店住宿、研学教育为一体的综合主题乐园，以建立城市开放空间的模式形成“废弃矿山改造旅游项目—项目盈利同时解决就业脱贫—再次投资改造荒山”的良性循环，发展独特的五龙山绿色产业链。通过有机整合全域资源，使区域发展活力和动力不断增强，为乡村地区历史遗留矿山生态修复，找到一条政府鼓励社会资本带动人民共同努力，促进生态修复和发展经济相得益彰的脱贫致富之路（图 2.11）。

图 2.11　五龙山响水河乡村旅游度假区（图片来源于网络）

2.3.2　国外废弃矿山生态修复及再利用相关案例分析

国外工业革命开展比较早，对废弃矿山的修复与再利用有较为成熟的经验和案例分析，本小节重点从因地制宜的近自然植被恢复、尊重历史文化、生态观光旅游和教育科普等方面介绍几个典型案例：美国西雅图煤气厂公园、加拿大布查特花园、日本国营明石海峡公园、法国 Biville 采石场和英国伊甸园。

美国西雅图煤气厂公园是通过大地艺术的手段运用景观设计的原理和方法对废弃地今昔的景观修复和再利用的典型先例，通过采用自然的材料和元素，对场地进行有限的人工干预，达到人与自然的对话和艺术的表达。通过场地平整与污染治理，保留场地上的工业废墟，是在美学方面对废弃矿山的景观改造的一个典型案例（图 2.12）。

图 2.12　美国西雅图煤气厂公园（图片来源于网络）

加拿大布查特花园原本是当地的一家水泥厂，对当地的居民生活环境有着严重影响。布查特一家为了建立一个理想的居住环境，在充分利用原有地形特点的基础上，采用当地的植物和花卉种植。为了确保植物的成活率，通过客土移植的方法来解决土壤贫瘠的问题。对裸露的矿坑壁岩石通过种植植物来防止坑壁的水土流失和坑壁石头的掉落，对坑中残留散落的石灰岩因地制宜地用作植物种植的基床，通过布置自然式种植的花境，设计了四季季相的植物搭配，将废弃的采石场打造成占地 12 hm^2 的美丽花园，成为世界上最美丽的花园之一（图 2.13）。

图 2.13　加拿大布查特花园沉床园景观图（图片来源于网络）

日本国营明石海峡公园原来是一处大型采石采砂场。为修建关西空港以及大阪与神户城市沿海的人工岛提供了 1.06 万亿 m^3 砂石的同时也导致了 140 km^2 左右的裸露山体，严重影响了当地的人居环境条件。当地政府通过采用科学的种植方式，克服了低降水的环境条件，以“使园区得到生命的回归”为修复主题，通过“大地艺术”和“水景”的模式将国营明石海峡公园打造成人与自然对话的场所（图 2.14）。

图 2.14　日本国营明石海峡公园（图片来源于网络）

法国 Biville 采石场是解决采石留下的高度落差 20 ~ 40 m、呈 45°边坡的采石坑。设计师充分保留了采石坑的历史文化遗迹，确保最佳地点的连贯性以便生态系统的自然恢复，通过引入一些植被使废弃采石场恢复到一种自然状态。改造中还设计了一系列引导水流的设备，使水能够汇聚到坑底从而形成湖泊。湖岸进行改造设计，以适应当地最受欢迎的钓鱼活动。为方便游人能进入坑底，设计师将坑壁改建成了阶梯状的台地，每一个平台两旁，都有金属网罩固定的石块作为堡坎，形成了一个集文化历史与休闲旅游于一体的矿山公园（图 2.15）。

图 2.15　法国 Biville 采石场（图片来源于网络）

英国伊甸园是建立在当地人采掘陶土遗留下的巨坑之上的，通过建立生态温室来展示“人类行为如何给地球带来了不堪重负的温室效应，毁坏了人类自己的家园”，从而警醒人们应该通过自身行为减少对地球的破坏，达到人类与环境的和谐共存。伊甸园总面积达 15 hm^2，是全球建立在废弃矿山上最大的生态温室，是有极高的科研、产业和旅游价值的植物景观性主题公园（图 2.16）。

图 2.16　英国伊甸园（图片来源于网络）

第3章　玉峰山废弃矿坑群现状与分析

3.1　矿坑群的概况

重庆玉峰山片区从20世纪70年代开始进行碎石开采，曾为当地经济建设作过较大贡献，但多年大规模的无序开采，形成的地质环境问题非常突出：采矿形成多个裸露高陡边坡，坡体上基本无台阶，受采矿爆破震动、节理裂隙和自然营力的风化作用等，坡面形成较多危岩和浮石；采矿形成多个大型露天采坑，周边是高陡的裸露岩壁，部分采矿坑内形成积水塘，深0.5～8 m；矿区杂乱堆积废渣堆、尾矿、建筑废料，表面均无植被生长；矿山企业关闭后，废弃厂房仍遗留在矿区，大多残破不堪，已成危房，压占大量土地；受采矿影响，部分山坪塘干涸，灌溉渠淤积、渗漏、破坏严重，耕地荒芜；多年重车运输石料，导致路面沉陷、凹凸不平，部分通村路形成凹坑、积水；矿山多年开采造成山体破坏，植被损毁，水土流失严重，大风扬尘，严重影响周边生态环境，制约了当地的经济发展。

玉峰山废弃矿坑群位于重庆市主城区，319国道由东至西连接石船镇区和废弃矿坑群所在地，并贯通至江北机场、两路客运站。废弃矿坑群距重庆江北国际机场仅20 km，距渝北区两路客运站20 km，距渝邻高速草坪互通14 km。区域位置较为优越，有较好的自然资源本底和开发利用价值。

玉峰山片区采石场共形成41处巨型露天采坑（图3.1），成串珠状，南北展布。矿坑周边是高陡的裸露岩壁，采坑总面积约1.5 km^2，深5～75 m，坑内遍布各矿山

企业开采遗留厂房、岩墙、废料堆。各开采区开采水平不一致，在采坑内形成了高低不平、沟壑纵横的景象，采坑内基本无土壤，植被无法生长。41 个废弃矿坑群的简介见表 3.1。

图 3.1　玉峰山废弃矿坑航拍图

表 3.1　玉峰山废弃矿坑群简介一览表

矿坑编号(CK)	位置	简述	照片	备注
1	重庆市渝北区铜锣山柏林湾东北 200 m	采坑海拔高程 531 ~ 547 m，实际面积 13 900 m^2，采坑体积 222 400 m^3，平均深度 16 m。为原银鹰采石场遗留矿坑，南北向展布，废弃厂房及工业广场面积 1 987 m^2		可结合矿坑的实际情况，规划设计打造矿坑湿地公园

续表

矿坑编号(CK)	位置	简述	照片	备注
2	重庆市渝北区铜锣山杜家湾西侧山体	采坑海拔高程 514 ~ 561 m，实际面积 35 490 m^2，采坑体积 1 668 200 m^3，平均深度 47 m。平面近圆形，西侧废弃厂房及工业广场面积 3 080 m^2，矿坑内有 14 705 m^2 的积水塘 ST1，平均水深约 2.2 m。矿坑往西与 3 号矿坑相连		可结合矿坑的实际情况，规划设计打造 360° 观景环道
3	重庆市渝北区铜锣山杜家湾以西 200 m	采坑海拔高程 554 ~ 573 m，实际面积 2 580 m^2，采坑体积 49 000 m^3，平均深度 19 m。平面呈半圆形，西侧废弃厂房及工业广场面积 1 420 m^2，往东与 2 号坑相连	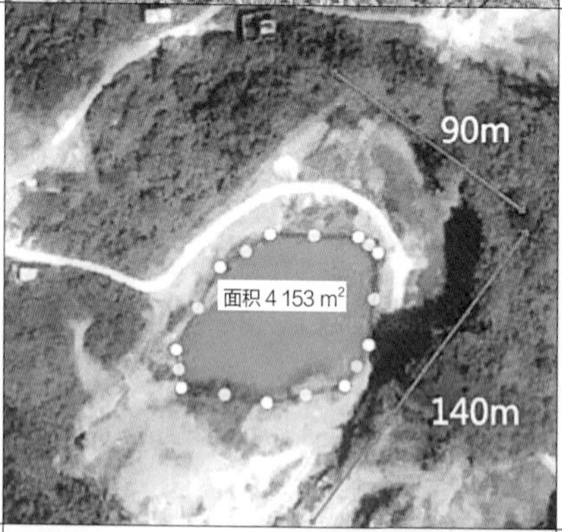	可结合矿坑的实际情况，规划设计打造青少年探险乐园
4	重庆市渝北区铜锣山大草坝东侧，鹅公桥以西	采坑海拔高程 532 ~ 580 m，实际面积 86 900 m^2，采坑体积 4 171 200 m^3，平均深度 48 m。为原程廷友碎石场和祥丰采石厂遗留矿坑，平面呈对称双翅状，北东向展布，两个采坑中部以采石形成的宽 30 m 的人工峡谷相连，采坑南端有 2 200 m^2 的积水塘 ST2，平均水深约 1.5 m，采坑北端有 3 100 m^2 的积水塘 ST3，平均水深约 1.2 m。采坑往西南与 2 号坑和 3 号坑相连		—

续表

矿坑编号(CK)	位置	简述	照片	备注
5	重庆市渝北区铜锣山梁家小堡北侧山体，319 国道东侧	采坑海拔高程 561 ~ 577 m，实际面积 5 520 m^2，采坑体积 88 300 m^3，平均深度 16 m。为原华秀碎石厂遗留矿坑，平面呈元宝状		—
6	重庆市渝北区铜锣山石梨湾西南 400 m，319 国道西侧	采坑海拔高程 543 ~ 618 m，实际面积 56 010 m^2，采坑体积 4 200 800 m^3，平均深度 75 m。为原华秀碎石厂和金山碎石厂遗留矿坑，平面呈 W 形，北东向展布，采坑西南角有 7 400 m^2 的积水塘 ST4，平均水深约 8 m，采坑北端有 2 600 m^2 的积水塘 ST5，平均水深约 2 m。采坑往东北与 7 号坑相连		—
7	重庆市渝北区铜锣山石梨湾东南 400 m，319 国道北侧	采坑海拔高程 538 ~ 589 m，实际面积 43 320 m^2，采坑体积 2 209 500 m^3，平均深度 51 m。为原吉鸿采石厂遗留矿坑，平面呈 8 字形，北西向展布，采坑西北部有 3 700 m^2 的积水塘 ST6，平均水深约 2.1 m。采坑西连 6 号坑，东北与 8 号坑相连		—

续表

矿坑编号(CK)	位置	简述	照片	备注
8	重庆市渝北区铜锣山石梨湾东300 m山体	采坑海拔高程543～608 m，实际面积127 080 m^2，采坑体积8 259 900 m^3，平均深度65 m。为原渝宏碎石厂遗留矿坑，平面形状不规则，采坑中部有19 800 m^2的积水塘ST7，为矿山群中面积最大的坑塘湖，池内常年有水，平均水深约6.5 m。采坑西南连7号坑。平面形态犹如一颗桃心，命名为心形池，从高处俯瞰，心形池如巨大的蓝色心脏在大地上跳动，为公园不断注入新鲜血液		可结合矿坑的实际情况，规划设计打造翡翠湖
9	重庆市渝北区铜锣山石壁村眼朝湾南侧300 m	采坑海拔高程602～620 m，实际面积1 250 m^2，采坑体积22 500 m^3，平均深度18 m。为原双国碎石厂遗留矿坑，平面近矩形		—
10	重庆市渝北区铜锣山石壁村凉水井以西，大水井以北	采坑海拔高程563～619 m，实际面积151 320 m^2，采坑体积8 474 000 m^3，平均深度56 m。为原吉强建材和创展碎石厂遗留矿坑，平面形状不规则，采坑东侧有面积5 615 m^2的废弃厂房及工业广场。采坑北临11和12号矿坑		可结合矿坑的实际情况，规划设计打造矿山公园博物馆

续表

矿坑编号(CK)	位置	简述	照片	备注
11	重庆市渝北区铜锣山范家湾南200 m	采坑海拔高程 546 ~ 604 m，实际面积 3 710 m^2，采坑体积 215 300 m^3，平均深度 58 m。为原陈谊碎石厂遗留矿坑，平面形状不规则，采坑中部有面积 1 800 m^2 的积水塘 ST8，平均水深约 5 m。采坑东临 12 号坑、南临 10 号坑		可结合矿坑的实际情况，规划设计打造花仙子动漫儿童乐园
12	重庆市渝北区铜锣山范家湾东南300m山坡	采坑海拔高程 543 ~ 601 m，于范家湾东南 300 m，实际面积 40 050 m^2，采坑体积 2 322 800 m^3，平均深度 58 m。为原诚林建材厂遗留矿坑，平面形状不规则，采坑西部有面积 900 m^2，平均深度 5 m 的积水塘 ST9 和面积 700 m^2，平均深度 10 m 的积水塘 ST10。采坑西临 11 号坑		可结合矿坑的实际情况，规划设计打造花仙子动漫儿童乐园
13	重庆市渝北区铜锣山范家湾东北 300 m 山体处	采坑海拔高程 559 ~ 600 m，实际面积 26 680 m^2，采坑体积 1 094 000 m^3，平均深度 41 m。为原兰元萍碎石厂遗留矿坑，平面形状不规则，北西向展布。采坑东临 14 号坑		可结合矿坑的实际情况，规划设计打造矿坑植物园
14	重庆市渝北区铜锣山石关口西300 m	采坑海拔高程 564 ~ 587 m，实际面积 5 270 m^2，采坑体积 121 300 m^3，平均深度 23 m。为原姜来碎石厂遗留矿坑，平面形状不规则，中部有面积 558 m^2 的废弃厂房及工业广场。采坑西临 13 号坑		可结合矿坑的实际情况，规划设计打造矿坑植物园

续表

矿坑编号(CK)	位置	简述	照片	备注
15	重庆市渝北区铜锣山窝凼南300 m	采坑海拔高程543～626 m，实际面积13 630 m^2，采坑体积1 131 700 m^3，平均深度83 m，为矿山群中最深的采坑。为原同舟碎石有限公司遗留矿坑，平面近矩形，南北向展布。中部有面积5 600 m^2的积水塘ST11。采坑东临16号坑		可结合矿坑的实际情况，规划设计打造温室花园
16	重庆市渝北区铜 锣山石关口西北200m	采坑海拔高程560～602 m，实际面积40 700 m^2，采坑体积1 709 300 m^3，平均深度42 m。为原同舟碎石有限公司遗留矿坑，平面形状不规则。采坑西临15号坑		可结合矿坑的实际情况，规划设计打造温室花园
17	重庆市渝北区铜锣山干打丘西侧山坳	采坑海拔高程568～584 m，实际面积7 870 m^2，采坑体积126 000 m^3，平均深度16 m。为原松石建材有限公司遗留矿坑，平面形状不规则，北西向展布。中部有面积244 m^2的废弃厂房设施及工业广场。采坑西临18号坑		可结合矿坑的实际情况，规划设计打造岩生花卉园
18	重庆市渝北区铜锣山干打丘西北150 m	采坑海拔高程573～595 m，实际面积2 380 m^2，采坑体积52 500 m^3，平均深度22 m。为原松石建材有限公司遗留矿坑，平面近矩形，北东向展布。采坑位于17号坑和19号坑之间		可结合矿坑的实际情况，规划设计打造岩生花卉园

续表

矿坑编号(CK)	位置	简述	照片	备注
19	重庆市渝北区铜锣山干打丘西北 200 m 山体	采坑海拔高程 599 ~ 630 m，实际面积 9 880 m^2，采坑体积 306 300 m^3，平均深度 31 m。为原松石建材有限公司遗留矿坑，平面形状不规则。采坑东临 18 号坑		可结合矿坑的实际情况，规划设计打造岩生花卉园
20	重庆市渝北区铜锣山天地湾西南 400 m	采坑海拔高程 565 ~ 576 m，实际面积 6 670 m^2，采坑体积 73 400 m^3，平均深度 11 m。为原庆福碎石厂遗留矿坑，平面近三角形。采坑北临 21 号坑		可结合矿坑的实际情况，规划设计矿工之家主题酒店
21	重庆市渝北区铜锣山天地湾西偏南 300 m	采坑海拔高程 590 ~ 616 m，实际面积 20 440 m^2，采坑体积 531 400 m^3，平均深度 26 m。为原庆福碎石厂遗留矿坑，平面形状如同“回旋镖”。东部有面积 8 100 m^2 的废弃厂房设施及工业广场。采坑东临 20 号坑		可结合矿坑的实际情况，规划设计矿工之家主题酒店
22	重庆市渝北区铜锣山天地湾北侧 300 m	采坑海拔高程 592 ~ 660 m，实际面积 76 720 m^2，采坑体积 5 217 100 m^3，平均深度 68 m。为原关口碎石厂和希聪建材厂遗留矿坑，平面形状不规则。采坑东临 23 号坑、北临 24 号坑		可结合矿坑的实际情况，规划设计矿坑创意雕塑园
23	重庆市渝北区铜锣山关兴场西北 300 m 处	采坑海拔高程 586 ~ 624 m，实际面积 81 500 m^2，采坑体积 3 097 000 m^3，平均深度 38 m。为原渝黔碎石厂遗留矿坑，平面形状不规则，北东向展布。坑内有若干处废弃厂房设施。采坑西临 22 号坑和 24 号坑		可结合矿坑的实际情况，规划设计矿坑创意雕塑园

续表

矿坑编号(CK)	位置	简述	照片	备注
24	重庆市渝北区铜锣山枷担湾东侧山体	采坑海拔高程549 ~ 613 m，实际面积39 200 m^2，采坑体积2 508 800 m^3，平均深度64 m。平面近矩形，北西向展布。采坑东临23号坑、南临22号坑		可结合矿坑的实际情况，规划设计矿坑创意雕塑园
25	重庆市渝北区铜锣山塘湾东北100 m	采坑海拔高程567 ~ 596 m，实际面积17 290 m^2，采坑体积501 400 m^3，平均深度29 m。平面形状不规则，南北向展布		可结合矿坑的实际情况，规划设计户外剧场
26	重庆市渝北区铜锣山青龙咀东侧150m	采坑海拔高程580 ~ 612 m，实际面积12 890 m^2，采坑体积412 600 m^3，平均深度32 m。为原达宏碎石厂遗留矿坑，平面形状不规则		可结合矿坑的实际情况，规划设计户外剧场
27	重庆市渝北区铜锣山沙坝东侧150 m	采坑海拔高程594 ~ 633 m，实际面积12 430 m^2，采坑体积484 800 m^3，平均深度39 m。为原达宏碎石厂遗留矿坑，平面形状不规则。东临28号坑		可结合矿坑的实际情况，规划设计户外剧场
28	重庆市渝北区铜锣山大堡坡南侧山坡	采坑海拔高程589 ~ 655 m，实际面积47 480 m^2，采坑体积3 133 700 m^3，平均深度66 m。为原太勇碎片石厂遗留矿坑，平面形状不规则。西临27号坑。西南角有编号为ST12的水塘，水深8 m		可结合矿坑的实际情况，规划设计户外剧场

续表

矿坑编号(CK)	位置	简述	照片	备注
29	重庆市渝北区铜锣山大堡坡北侧100 m	采坑海拔高程622～646 m，实际面积24 950 m^2，采坑体积598 700 m^3，平均深度24 m。为原西材建材厂遗留矿坑，平面形状不规则。东部有面积4 637 m^2的废弃厂房设施及工业广场		可结合矿坑的实际情况，规划设计直升机观光服务中心
30	重庆市渝北区铜锣山太平洞西北200 m	采坑海拔高程591～622 m，实际面积36 600 m^2，采坑体积1 134 500 m^3，平均深度31 m。为原顺福碎石厂遗留矿坑，平面形状不规则，南北展布。东南部有面积2 552 m^2的废弃厂房设施及工业广场。往东北方接31号坑		可结合矿坑的实际情况，规划设计矿山文化公园(仪器设备的陈列展示)
31	重庆市渝北区铜锣山太平洞北侧300 m	采坑海拔高程580～655 m，实际面积39 170 m^2，采坑体积2 937 700 m^3，平均深度75 m。为原磊砢碎石厂遗留矿坑，平面形状不规则，北西向展布。东北部有面积1 149 m^2的废弃厂房设施及工业广场。往西南方接30号坑		可结合矿坑的实际情况，规划设计矿山文化公园(仪器设备的陈列展示)
32	重庆市渝北区铜锣山龙洞湾西北侧	采坑海拔高程574～602 m，实际面积32 840 m^2，采坑体积919 400 m^3，平均深度28 m。为原凯砾碎石厂遗留矿坑，平面形状不规则。坑内有总面积6 476 m^2的废弃厂房设施及工业广场		可结合矿坑的实际情况，规划设计矿山文化公园(仪器设备的陈列展示)

续表

矿坑编号(CK)	位置	简述	照片	备注
33	重庆市渝北区铜锣山何家湾北侧200 m	采坑海拔高程574～602 m，实际面积160 130 m^2，采坑体积11 209 200 m^3，为采石矿山群中最大的采坑，平均深度70 m。为原凯砾碎石厂和伟荣建材有限公司遗留矿坑，平面形状不规则，北东向展布。坑内有废弃厂房设施及工业广场若干处，总面积超过20 000 m^2。往北接34号坑		可结合矿坑的实际情况，规划设计矿坑极限运动公园
34	重庆市渝北区铜锣山曾家湾东北400 m	采坑海拔高程541～617 m，实际面积35 020 m^2，采坑体积2 661 400 m^3，平均深度76 m。为原鸿湖建材厂遗留矿坑，平面形状不规则。坑内有总面积7 039 m^2的废弃厂房设施及工业广场。往南接33号坑		可结合矿坑的实际情况，规划设计矿坑极限运动公园
35	重庆市渝北区铜锣山绿池岚垭西侧	采坑海拔高程610～656 m，实际面积51 140 m^2，采坑体积2 352 700 m^3，平均深度46 m。为原博业建材有限公司遗留矿坑，平面形状不规则。坑内有总面积9 307 m^2的废弃厂房设施及工业广场		可结合矿坑的实际情况，规划设计矿坑极限运动公园
36	重庆市渝北区铜锣山岚垭田北侧山坳中	采坑海拔高程579～584 m，实际面积20 280 m^2，采坑体积101 400 m^3，平均深度5 m。为原俊正公司遗留矿坑，平面形状不规则，南北向展布。坑内有总面积5 133 m^2的废弃厂房设施及工业广场		—

续表

矿坑编号（CK）	位置	简述	照片	备注
37	重庆市渝北区铜锣山瘦坪西200 m	采坑海拔高程632～644 m，实际面积3 970 m^2，采坑体积47 700 m^3，平均深度12 m。为原望周建材厂遗留矿坑，平面近心形		—
38	重庆市渝北区铜锣山汪家沟西南100 m	采坑海拔高程639～652 m，实际面积3 650 m^2，采坑体积47 500 m^3，平均深度13 m。为原高宇建材石厂遗留矿坑，平面形状不规则。坑内有总面积1 037 m^2的废弃厂房设施及工业广场		—
39	重庆市渝北区铜锣山彭家垭口	采坑海拔高程523～545 m，实际面积30 340 m^2，采坑体积667 600 m^3，平均深度22 m。为原前锋石材加工厂遗留矿坑，平面形状不规则		可结合矿坑的实际情况，规划设计悬崖酒店
40	重庆市渝北区铜锣山潘家坡	采坑海拔高程581～608 m，实际面积34 130 m^2，采坑体积921 500 m^3，平均深度27 m。为原前锋石材加工厂遗留矿坑，平面形状不规则		可结合矿坑的实际情况，规划设计悬崖酒店
41	重庆市渝北区铜锣山大堡东南100m	采坑海拔高程548～564 m，实际面积34 310 m^2，采坑体积549 000 m^3，平均深度16 m。为原前锋石材加工厂遗留矿坑，平面形状不规则。坑内有总面积17 639 m^2的废弃厂房设施及工业广场		可结合矿坑的实际情况，规划设计悬崖酒店

3.2 矿坑群区域现状分析

3.2.1 自然资源本底分析

1）地理地貌

玉峰山位于重庆市渝北区，地跨东经106°27′30″~106°57′58″、北纬29°34′45″~30°07′22″。东邻长寿区、南与江北区毗邻，与巴南区、南岸区、沙坪坝区隔江相望，西连北碚区、合川区。渝北区地处华蓥山主峰以南的巴渝平行岭谷地带，嘉陵江下游东岸与长江上游北岸构成的三角地带，面积1 452 km²，城市建成区面积170 km²，常住人口163万（图3.2），是重庆市的航空港和北大门。区内地势整体呈现西北高、东南低的趋势，自西向东分布着中梁山、铜锣山、明月山3条山脉。地质属沉积岩广泛发育区，地质形态为华蓥山帚状褶皱束和宣汉-重庆平行褶皱束，褶皱带呈北东向展布，狭长而不对称，褶皱紧密，向斜宽，背斜窄，断裂少。地貌多呈垄岗状，山体雄厚，长岭岗、馒头山、桌状山错落于岭谷间，地势起伏较大。喀斯特地貌分布较广，谷坡河岸多溶洞。

矿坑群所处地貌单元为低山丘陵地貌，该区以褶皱构造为基本骨架形式，受东北向隔挡式褶皱形迹及新构造运动间歇性不均匀抬升的影响，区内碳酸岩组集中出现在背斜隆起区轴线与核心地带。铜锣峡背斜轴部出露地层为三叠系下统嘉陵江组，为薄－中厚层状灰岩、白云岩、白云质灰岩夹页岩及盐溶角砾岩，岩层褶皱剧烈，平行于构造轴线的纵张裂隙发育，经长期的侵蚀、溶蚀后形成了独特的“一山二岭一槽”的岩溶地貌景观。山体外侧为三叠系上统须家河组砂岩，山体中部的兰叠系下统嘉陵江组灰岩溶蚀形成了槽丘，山丘呈馒头状，丘顶高程一般为560~718 m；山丘间洼地高程一般为512 ~540 m。矿山及周边的海拔高程绝大部分都是在510 m标高以上，最高点海拔718 m，位于北部天坪村最高峰李家寨，最低点海拔512 m，位于天坪村一溶蚀洼地魏家槽，两者相对高差206 m。现有矿坑多分布于西侧山体。

图 3.2　渝北区玉峰山区位示意图

2）气象水文

玉峰山属亚热带季风气候区，温暖湿润，四季分明，气候温和，日照充足，雨量充沛，具夏秋多雨、冬春多云雾的特点。平均日照 1 340 h，平均无霜期 319 d。最大年降雨量 1 614.9 mm（1993 年），最小年降雨量 828.8 mm（2001 年），多年平均降雨量 1 206.04 mm，降雨集中在每年的 5—9 月，降雨量约占全年降雨量的 65%，多年平均最大日降雨量 104 mm，日最大降雨量 230.8 mm（1971 年 6 月 1 日）。多年平均气温 18.2 ℃；极端最低气温 −2.9 ℃（1997 年 1 月 29 日），极端最高气温 43.5 ℃（2006 年 8 月 15 日）。平均相对湿度 81%，多偏北风，年平均风速 1.9 m/s。所在区域冬暖春早，春季升温较快，夏季较为凉爽。年平均气温 17 ℃，常年气温比市区气温低约 5 ℃，常年降水有 62 % 在夜间，素来有“巴山夜雨”之称。

渝北区过境河流主要有长江和嘉陵江，其中，长江沿区境东南边境流过，嘉陵江沿区境西南边境流过。渝北区中、东部有寸滩河、朝阳河、长堰溪、御临河注入长江（图 3.3）。玉峰山废弃矿坑群地处低山地区，地形坡度较大，接受大气降水后，地表排泄通畅，径流条件好，大部分降水经地表冲沟排出园区外。区内 41 个矿坑主要靠大气降水补给，常年蓄水矿坑约 10 个。

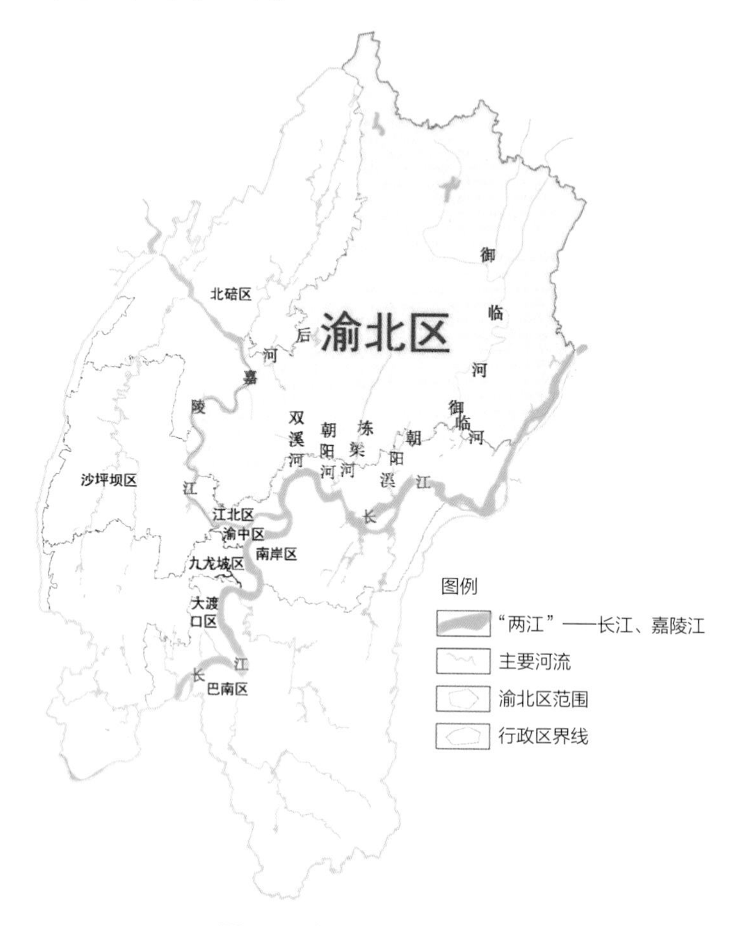

图 3.3　渝北区主要水系图

3）动植物资源

玉峰山所在的区域生物资源丰富。据记载，清末铁山坪有野生动物虎、豹出没；民国初年有花豹、狼出没，后渐绝迹。现今存在的动物种类主要有獗、黄鹿、狸、野兔、香狸、猫、松鼠、山羊、野猪、蝙蝠、竹鼠、雄鸡、锦鸡、竹鸡、红嘴鸦鹊、小云雀、喜鹊、翠鸟、画眉、黄莺、杜鹃、斑鸠、燕、雀鹰、鸳、松鸦、林莺、啄木鸟、八哥、白腰文鸟、绣眼鸟、赤链蛇、双斑锦蛇、竹叶青蛇、烙铁头蛇、蜥蜴、壁虎等（图 3.4）。

（a）果子狸

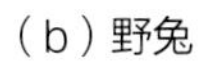

（b）野兔

（c）小云雀

（d）壁虎

图 3.4　渝北区玉峰山废弃矿坑群部分动物资源（图片来源于网络）

玉峰山废弃矿坑群所在的区域森林植物共有 97 科 219 属 326 种，植物区系组成属泛北极植物区、中国 - 日本森林植物亚区和华中植物区，是中国 - 日本森林植物区系的核心部分。森林植被属亚热带温性常绿阔叶林带，原生植被为常绿阔叶林。主要树种为梅、楠、栲等。原生植被大部分遭破坏，仅在交通不便的山谷中呈小块状分布。次生植被以木本植物和裸子植物马尾松、杉木为主，其中在石灰岩分布区多为柏木。常绿阔叶树中的山毛榉科植物以栲、扁刺锥、白穗柯为主。马尾松林分布最广，形成亚热带针叶林景观。其次是松树林、杉树林、柏针叶混交林，林内混生少量常绿阔叶的梅、楠、栲、桦木等。落叶阔叶林主要是标类、枫香林、青冈林。针阔混交林主要树种有马尾松、丝栗栲、杉木、慈竹等。经济林主要树种包括油茶、马尾松林、乌柏林。竹林类主要是慈竹、白夹竹、水竹和少量楠竹。灌木种类包括杜鹃、菱叶海桐、映山红、野槌子、七里香、拘把、黄荆、莱英、火棘、算盘子等。铁山坪野生中草药久负盛名，清代已入列江北主要土特产之一。野生中草药有 123 种，其中鱼锹串、麦冬、香附子、白茅根、紫苏、夏枯草、益母草、车前草、野菊花、满天星、芦根、淡竹叶、金银花、金樱子、土茯苓、何首乌、半夏等随处可见。野菜类有荠菜、清明菜、侧耳根、马齿苋、野香葱等。野生食用菌类有草菇、松菇、伞把菇、黑木耳等（图 3.5）。

（a）马尾松　（b）杉木
（c）柏树　（d）杜鹃
（e）侧耳根　（f）松菇

图 3.5　渝北区玉峰山废弃矿坑群部分植物资源（图片来源于网络）

3.2.2　交通现状条件分析

矿坑群呈带状分布，主要位于重庆市主城区绕城高速和三环高速之间的石壁村、关兴村、天坪村，其西侧有现状渝邻高速，东侧有规划六纵线，中部有规划六横线穿越（下穿）。连接沪渝高速至石船镇的龙骏大道和两江大道已建成并通车至石船镇区南侧，即将打通石船镇区连接主城高速系统的主干路通道。

渝北区境内主要道路（含过境道路）有渝邻高速公路、兰海高速公路渝龙黔段、渝长高速公路、渝宜高速公路、机场快速路、重庆内环快速公路、重庆外环高速路、210 国道、319 国道等。水路有重庆果园港、朝天门港等港口码头，通航长江中下游区域。空路有重庆江北国际机场，开通国内外航线 232 条，年旅客吞吐量 3 200 万人次以上。矿坑紧邻 319 国道，距重庆江北国际机场 18 km，距重庆果园港 16 km，距重庆火车北站 26 km，距朝天门码头 43 km，交通十分便利（图 3.6）。

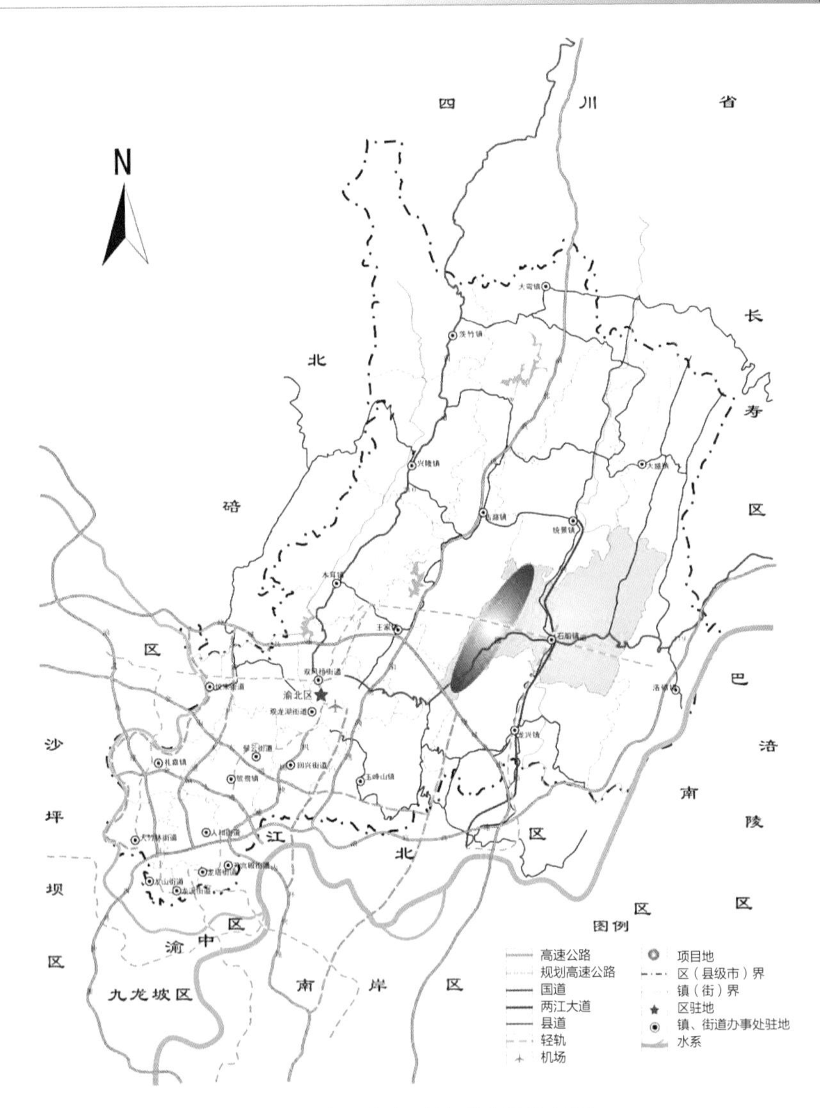

图 3.6　玉峰山废弃矿坑群交通位置图

3.2.3　周边主要景观资源分析

玉峰山废弃矿坑群周边旅游资源丰厚（图 3.7）。统景温泉为“巴渝十二景”之首，是绝佳的温泉度假地。龙兴古镇记录着巴渝特有的人文面貌及民俗。与之接壤的重庆民国街，再现了民国历史，展示着巴渝特色。张关水溶洞风景旅游区是亿万年沧海桑田形成的天然地质博物馆。排花洞遗留着明代建文帝曾经的痕迹，兼有飞瀑流泉，堪称鬼斧神工。玉峰山废弃矿坑群通过矿山公园的建设，形成渝北区完整的旅游产品格局，形成景点联动的区域发展态势，进而融入重庆市整理旅游体系，成为新的旅游增长点。

图 3.7　玉峰山废弃矿坑群周边主要景观资源分布图

3.2.4　矿业遗迹分析

玉峰山废弃矿坑群位于重庆市渝北区铜锣山矿山公园，共有规模不等、形态各异的矿坑 41 个，其南北绵延 10 km。采矿形成的矿坑呈串珠状镶嵌在铜锣山间，形成了独特的矿坑奇景，其坑壁裸露、陡峭无台阶，坑内遍布厂房、岩墙、废料堆等。41 个废弃矿坑编号为 CK1 ~ CK41，周边是高陡的裸露岩壁，采坑总面积约 1.50 km^2，深 5 ~ 75 m，坑内遍布各矿山企业开采遗留的厂房、岩墙、废料堆。各开采区开采水平不一致，在采坑内形成了高低不平、沟壑纵横的景象，采坑内基本无土壤，植被无法生长。

各采区开采水平不同，矿坑高低不平、沟壑纵横，形态各异，蔚为壮观。其中园区内存在的矿业遗迹具体分为矿产地质遗迹、矿业生产遗迹类、矿业活动遗迹类、与矿业活动有关的人文景观类 4 种类型。矿产地质遗迹根据矿坑蓄水情况，矿坑分为坑塘湖地质遗迹和旱坑地质遗迹；矿业生产遗迹主要分为办公遗迹和生活生产遗迹两种（图 3.8）。矿业遗迹的分布情况如图 3.9 所示，其中具体的遗迹情况见表 3.2。

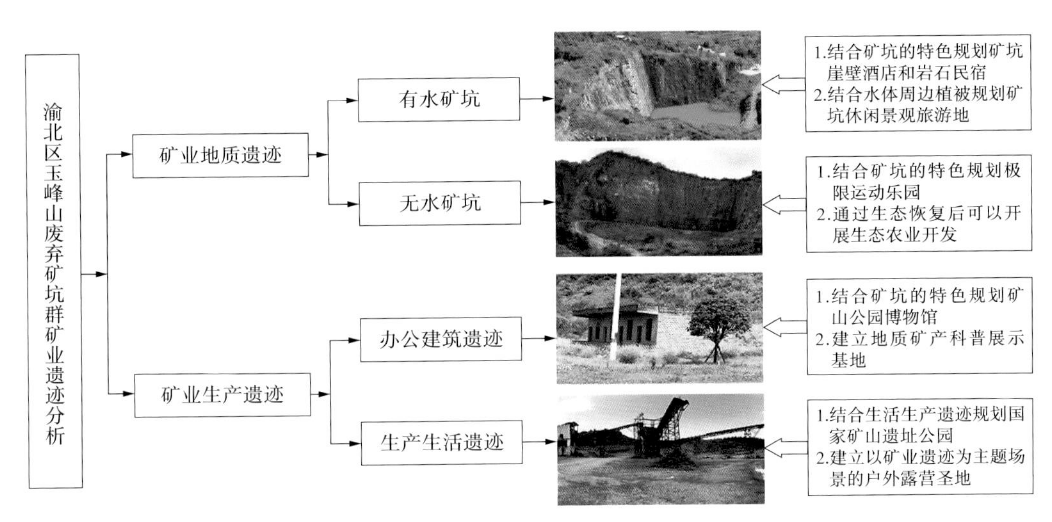

图 3.8　渝北区玉峰山矿业遗迹现状与再利用分析

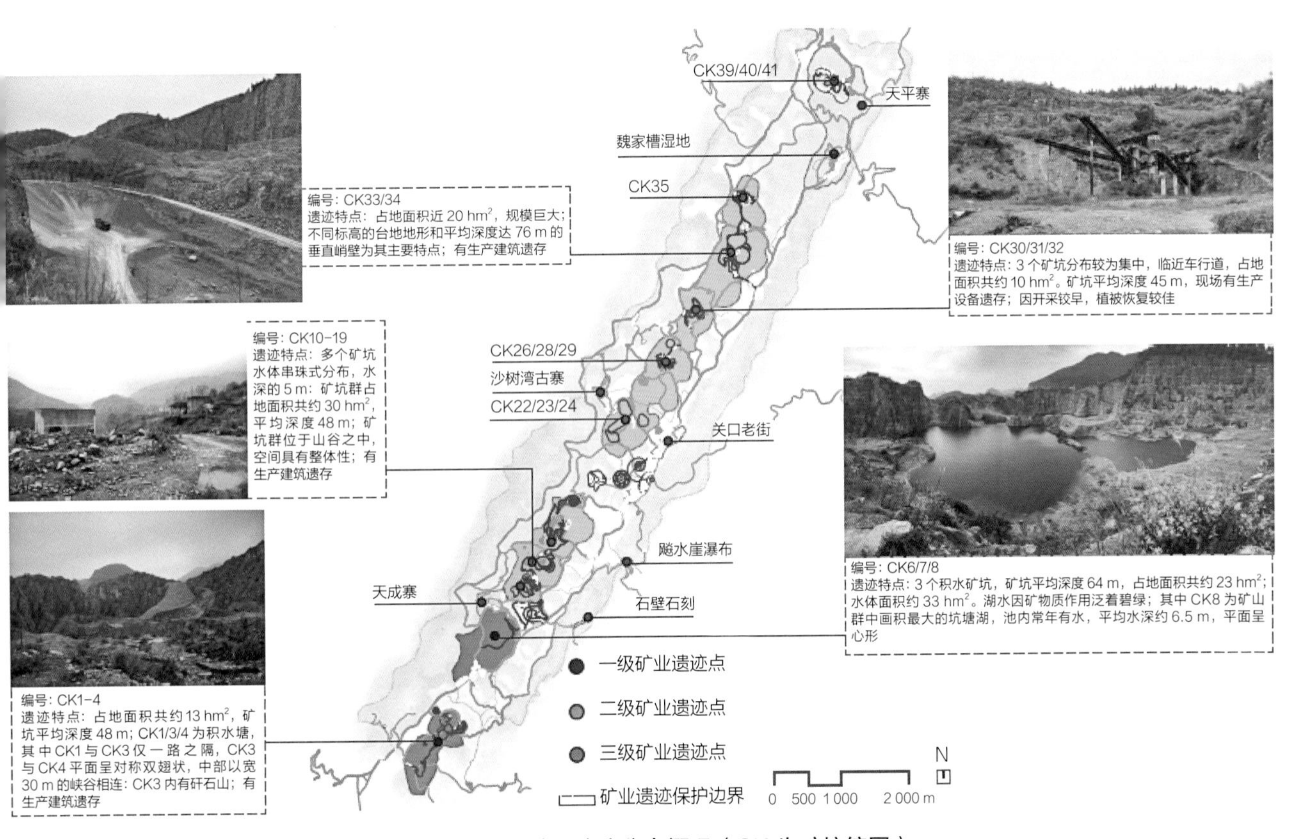

图 3.9　玉峰山矿业遗迹分布概况（CK 为矿坑缩写）

表 3.2　矿业遗迹分级分类表

级别	对应矿坑编号	描述	照片
一级矿业遗迹点	编号：1—4	共占地面积约 13 hm^2，矿坑平均深度 48 m；编号 1 ~ 4 的矿坑为积水塘，其中 1 号矿坑与 3 号矿坑仅一路之隔，3 号矿坑与 4 号矿坑平面呈对称双翅状，中部以宽 30 m 的峡谷相连；3 号矿坑内有矸石山；有生产建筑遗迹	
	编号：6—8	共 3 个积水矿坑，矿坑平均深度 64 m，占地面积共约 23 hm^2；水体面积约 3.3 hm^2，湖水因矿物质作用泛着碧绿；其中 8 号矿坑为矿山群中面积最大的坑塘湖，池内常年有水，平均水深约 6.5 m，平面呈心形	
二级矿业遗迹点	编号：10—19	多个矿坑水体串珠式分布，水深约 5 m；矿坑群占地面积共约 30 hm^2，平均深度 48 m；矿坑群位于山谷之中，空间具有整体性；有生产建筑遗存	
	编号：22—24	为无水矿坑，平面近矩形，北西向展布	
	编号：26、28 29	平面不规则形状；有生产建筑遗存	

续表

级别	对应矿坑编号	描述	照片
二级矿业遗迹点	编号：30—32	3 个矿坑分布较为集中，临近车行道，占地面积共约 10 hm^2，矿坑平均深度 45 m；现场有生产设备遗存；开采较早，植被恢复情况较佳	
	编号：33—34	占地面积近 20 hm^2，规模巨大；不同标高的台地地形和平均深度达 76 m 的垂直峭壁为其主要特点；有生产建筑遗迹	
	编号：35	平面不规则形状；坑内有总面积 9 307 m^2 的废弃厂房设施及工业广场	
三级矿业遗迹点	石壁石刻	—	
	天成寨	—	

续表

级别	对应矿坑编号	描述	照片
三级矿业遗迹点	飚水崖瀑布		
	关口老街	—	
	沙树湾古寨	—	—
	魏家槽湿地	—	—
	天坪寨	—	—
	编号: 39 ~ 41	为原前锋石材加工厂遗留矿坑，平面不规则形状；坑内有总面积 17 639 m^2 的废弃厂房设施及工业广场	—

采石场采坑内共形成 12 处较大的积水塘（图 3.10，表 3.3），编号为 ST1—ST12，总面积 $6.51\times10^4\,m^2$，水深 0.5 ~ 8 m，总体积约 $27.02\times10^4\,m^3$，积水塘规模见表 3.2。矿坑之间由采矿形成人工峡谷相连，穿行其中，有一种“山重水复疑无路，柳暗花明又一坑”的奇妙感受。有水矿坑和无水矿坑如图 3.11 所示。

图 3.10　玉峰山矿坑峡谷

表 3.3　玉峰山废弃矿坑群积水塘规模一览表

积水塘编号（ST）	所属矿坑位置（CK）	简述
1	2	积水塘面积 14 705 m^2，平均水深约 2.2 m
2	4	积水塘面积 2 200 m^2，平均水深约 1.5 m
3	4	积水塘面积 3 100 m^2，平均水深约 1.5 m
4	6	积水塘面积 7 100 m^2，平均水深约 8 m
5	6	积水塘面积 2 600 m^2，平均水深约 2 m
6	7	积水塘面积 3 700 m^2，平均水深约 2.1 m
7	8	积水塘面积 19 800 m^2，平均水深约 6.5 m
8	11	积水塘面积 1 800 m^2，平均水深约 5 m
9	12	积水塘面积 900 m^2，平均水深约 5 m
10	12	积水塘面积 700 m^2，平均水深约 10 m
11	15	积水塘面积 5 600 m^2，平均水深约 83 m
12	28	平均水深约 8 m

采石场共形成 55 处 148 段高度不等的陡边坡，边坡岩性均为三叠系下统嘉陵江组石灰岩，部分坡顶分布着厚 1 ~ 3 m 的紫红色泥岩，坡体上基本无台阶，坡角 45° ~ 90°，大部分在 70° 以上，部分近乎垂直，边坡高 11 ~ 77 m。

（a）无水矿坑

（b）有水矿坑

图 3.11　无水矿坑和有水矿坑遗迹图

1）矿产地质遗迹

玉峰山废弃矿坑群的矿业遗迹类型包括 4 大类型（表 3.4），所处的位置在铜锣峡背斜，具有典型的空间分布和地形地貌，是研究区域矿产资源、水文地质特征和地质构造等极佳的佐证，具有珍稀的科普教育价值。铜锣山石灰岩矿山群位于铜锣山南段中部，矿产开采地层主要为三叠系嘉陵江组石灰岩矿层，矿层位于铜锣峡背斜核部。

铜锣峡背斜在区内大致成北北东～南南西方向延长，长达79 km，由北向南呈S形扭曲。为狭长形不对称的箱状背斜，整个背斜构造的产状是翼部陡，轴部平缓，就两翼倾角而言，东翼较西翼陡，在东翼倾角一般达55°～85°，局部直立甚至倒转；西翼较东翼缓，一般达30°～50°；东翼倾角陡而变化大，西翼倾角平缓且稳定。铜锣峡背斜断裂构造主要集中在背斜轴部，断裂之走向大致与构造线平行，以高角度的逆断层为主，其次为斜向平移断层，断距不大，位于旱土十二拐和玉峰山一带，断层倾向280°，倾角81°，水平断距较大，约达200 m，为一走向逆断层F4。三叠系上统须家河组（T3xj）地层在背斜两翼出露。

表3.4　矿业遗迹按照遗迹类型分类表

遗迹类型	遗迹名称	价值
矿产地质遗迹	铜锣峡地质遗迹	具有较高科学研究价值
	灰岩矿坑水体	具有较高科学研究价值
	矿山地质环境治理恢复示范	具有较高科学研究价值
矿业生产遗迹	矿坑群遗迹	具有较高科普和游览价值
	矿坑遗迹景观	具有较高科普和游览价值
	生产工具遗迹	具有较高科普价值
	工业建筑遗迹	休闲娱乐
矿业制品遗存	石灰岩建筑制品	游览观赏
	石灰岩生活制品	游览观赏
矿山社会生活遗迹	石工号子	休闲娱乐
	矿山工人生活遗迹	休闲娱乐
	矿山周围居民建筑遗址	游览观赏

玉峰山废弃矿坑水体是雨水在采矿形成的深坑中汇集而成，湖水因矿物质作用泛着碧绿。采石矿坑水体颜色主要由水体对可见光的选择性吸收规律造成。水体的颜色主要由水体的散射、水表面的反射、水底物质对投射光等的总和对人们的视觉的综合刺激效应决定。由于水体清澈，光线入射深度较大，水体对蓝、绿光之外的其他色光产生了强烈的选择吸收，因此形成了独特的水体颜色的光学基础，辅以其他因素如钙华、藻类底质等形成绚丽的光彩。水体的存在极大地丰富了矿坑的生境类型，植被较无水矿坑长势明显更好，类型也更丰富，有水矿坑周边有两栖类动物出没频繁。根据矿坑的立地条件及景观特征不同，因地制宜地设置了观赏面及功能。

无水矿坑遗迹普遍存在交通不易、坑底洼地未填土、坑壁及坑底的堆料未清理等

问题，仍处于废弃时的状态。但其景观特点鲜明，坑壁连绵气势不一，动若千军万马，静如处子，处处显现着工业与自然激情碰撞的原始痕迹。多数无水矿坑还未开展修复工作，大多坑壁岩泥裸露，坑底起伏不平，植被稀疏有废料堆积，周边植被自然生长，如同青山被撕裂的伤口，呈现着浑然天成的粗犷之美。采矿形成的运输道路遍布园区，将各个采坑相连，道路蜿蜒曲折，四通八达，行走其间，犹如秘境探险。

2）矿业生产遗迹

玉峰山片区从 20 世纪 70 年代开始进行碎石开采，曾为当地经济建设作过较大贡献，以带状分布模式分布于铜锣山中段槽谷地带。采石场南北绵延 10 km，占地 22.69 km^2。玉峰山废弃矿坑群矿业生产遗迹按照其功能划分为办公建筑遗迹与生产生活遗迹两类（图 3.12）。其中，办公建筑遗迹主要为矿区办公楼建筑遗址，生产生活遗迹主要类型有料仓、厂房、仓库等。

办公建筑遗迹零星分布在矿坑周边，大多为砖混结构建筑，少部分有贴瓷砖或敷水泥石灰，一般两层或者三层，建筑主体保存完好，但均未加修缮，存在不同程度的砖体脱落情况，有一定安全隐患。位于视野开阔的办公建筑，景观条件较好且距矿坑较近的区域，可以考虑加固修葺后作为矿业生产生活科普教育展览等作用。

生产生活遗迹主要分布在矿坑旁、道路旁、山林间等区域，为从事矿业生产生活时服务的建筑遗迹，主要类型有料仓、厂房、仓库、生活楼等。遗迹保存情况不一，总体而言，砖混结构建筑（如料仓）较石质建筑保存更为完好，基本上保留了主体承重结构和基本功能，而石质建筑大部分仅余下地基或残垣断壁。在生产生活遗迹中方形料仓大多结构保存完整，且具有浓郁的矿业文化气息，可考虑修缮后增加其景观效果作为矿业遗迹的展览遗迹或作为观景平台使用。许多石质建筑残垣断壁极富矿业文化气息与历史的沧桑感，但隐没在山林间不易到达，可稍加修缮保留其景观特征。

（a）办公建筑遗迹

（b）生产生活遗迹

图 3.12　矿业生产遗迹

3.2.5 资源景观分析

玉峰山废弃矿坑群林地资源丰富、农业用地面积比重较大，种植品种较丰富，有较好的生态旅游资源基础。废弃矿坑周边用地类型见表 3.5，资源景观分布图如图 3.13 所示。

表 3.5 玉峰山废弃矿坑群周边用地类型一览表

一级类	二级类	三级类	面积 /hm^2	比例 /%
农用地	耕地	—	726.77	30.33
	园地	—	34.09	1.42
	林地	—	1 304.65	54.44
	其他农用地	设施农用地	0.08	0
		坑塘水面	3.19	0.13
农用地合计			2 068.78	86.32

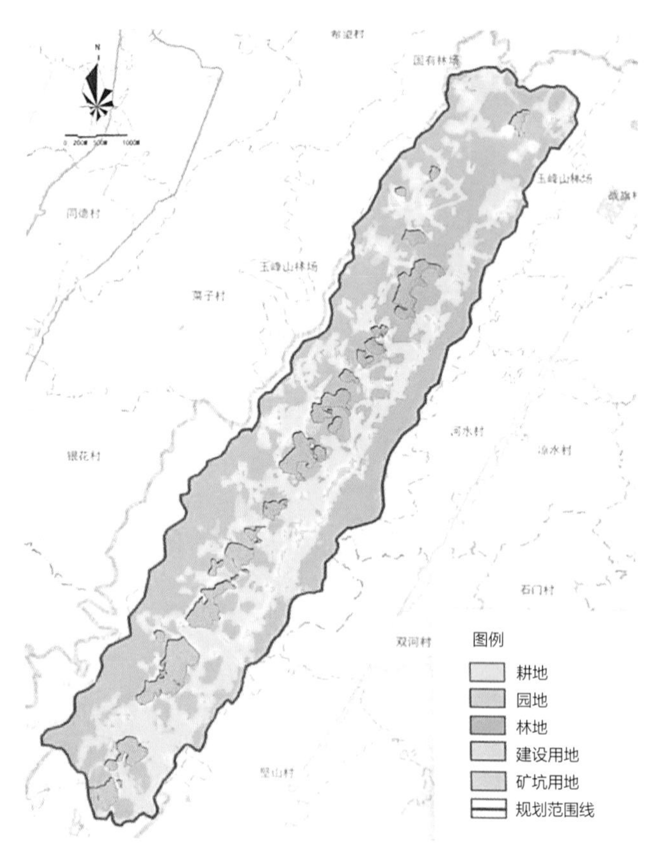

图 3.13 玉峰山废弃矿坑群山林、农田资源景观分布图
（图片来源于《铜锣山矿山公园旅游策划及规划设计》）

1）山林资源

玉峰山 - 铜锣山脉森林覆盖率 80%，现有植被主要以天然次生林为主，主要包括马尾松、杉类、柏树、刺槐、枫香等植物，生态旅游资源基础较好。温度较主城区低 5～10 ℃，具备一定的避暑度假优势。大气质量优良、大气污染度低、能见度高。四季皆适宜旅游休闲度假。

2）农业资源

①区位独特。地处独特的山顶槽谷地貌，农业种植传统化。主要种植作物为牧草、苗木、蔬菜、水稻、玉米等，部分水果种植主要包括李子、梨、柑橘等，以及养殖鸡、鸭、猪等（表 3.6）。

表 3.6　玉峰山废弃矿坑群农产品类型一览表

农产品类型	种类	规模
种植类 / 亩	牧草	200
	苗木	228
	玉米	350
	水稻	200
	蔬菜	533
养殖类 / 只	鸡	200
	鸭	150
	猪	50

②乡村旅游资源独特。矿坑群周边区域范围内有 3 个村较其他村相对封闭，形成风貌古朴、生态原始的乡村民居和田园风光。

③石壁村千亩花海项目、关兴村经济果林及蔬菜基地、天坪村园艺林。

3）人文资源

玉峰山地处重庆上风上水之处，据记载这里先民活动交流频繁，有“上风都”的美誉，同时还流传着”仙女乘船”等历史文化传说。除了采石场遗址外，公园内还有多个自然人文景点资源，如石壁山、石壁寺、天成寨、关口老街、沙树湾古寨、范家洞、保成寨、曾家庙、古战场遗址传说、牛金山、天坪寨、三王庙、李家寨、天坪村老民居等（图 3.14）。

（a）人文景观

（b）自然景观

图 3.14 玉峰山废弃矿坑群景观现状图

通过对玉峰山废弃矿坑群的自然本底分析、矿业遗迹分析、山林资源和农业资源的分析，总结得到以下 5 种类别的景观资源：人文景观、自然景观、居民安置点、特色矿坑景观和采石场遗址。根据《旅游资源分类、调查与评价》，玉峰山废弃矿坑群的景观资源分类评价结果见表 3.7。除了矿业遗迹外，还有很多丰富的自然文化景观资源，如老街、古寨、石刻、瀑布等，旅游价值不容小觑。

表 3.7 玉峰山废弃矿坑群景观资源小结

景点名称	景观类型	景点分级	备注
峡谷型矿坑	自然景观	一级	矿坑编号 2、3、4
深湖型矿坑	自然景观	一级	矿坑编号 5、6、7、8
矿坑群遗迹	自然景观	一级	41 个矿坑
垂直峭壁型矿坑	自然景观	二级	矿坑编号 10、11、12、39、40、41
生态农业园	自然景观	三级	在建
千亩花海观光基地	自然景观	三级	在建
天成寨	人文景观	二级	需改造
石壁石刻	人文景观	二级	需改造
狮子山	自然景观	三级	需改造
狮子庙	人文景观	二级	需改造
小天池	自然景观	三级	需改造
关口场镇	人文景观	三级	需改造
关口老街	人文景观	二级	需改造
平坦型矿坑	自然景观	二级	需改造

续表

景点名称	景观类型	景点分级	备注
沙树湾古寨	人文景观	二级	需改造
石灰窑遗址	人文景观	二级	需改造
范家洞	自然景观	三级	需改造
保成寨	人文景观	三级	需改造
曾家庙	人文景观	二级	需改造
千亩四季水果基地	自然景观	三级	在建
李家寨	人文景观	三级	需改造
魏家槽湿地景观	自然景观	二级	需改造
三王庙	人文景观	二级	需改造
天坪寨	人文景观	二级	需改造
金牛山	自然景观	三级	已规划

3.3　矿坑群的现状特征总结

3.3.1　区位优越性

玉峰山废弃矿坑群位于重庆主城“四山”之一的铜锣山，具有突出的战略位置。玉峰山有较好的自然资源本底和开发利用价值。项目基地距石船镇19 km，距江北机场仅为20 km，距渝北区两路客运站20 km，距渝邻高速草坪互通14 km。渝北区土地总面积145 203 hm^2。其中，林业用地面积64 015.2 hm^2，占全区总面积的44%；农用地面积46 997.8 hm^2，占全区总面积的32.2%；建设用地、水域及未利用地面积34 735.8 hm^2，占全区总面积的23.8%。

石船镇作为渝北区的东大门，是渝北区行政区划面积最大、人口最多的镇，有着丰富的生态生产资源，辖区内主产大米、蚕桑、柑橘、榨菜、生猪等农副产品，有“花海果香，开放石船”之称，也是“中国绿色名镇”之一。玉峰山镇位于重庆市渝北区东部铜锣峡背斜山脉中部，与石船镇相连。玉峰山镇有着丰富的旅游资源，有玉峰山森林公园、铁山坪公园风景区等，还有大量的生产资源与温泉资源，如玉峰山樱桃、龙门温泉等资源。渝北区内集山体、江河、森林、田地、湖泊及湿地于一体，山地－江河生态系统特征明显，生态价值突出。

3.3.2 问题的典型性

玉峰山废弃矿坑群铜锣山片区因历史遗留及政策性关闭矿山等原因，于 2012 年全面关闭，形成矿山废弃地面积约 2.41 km^2，开采影响区约 12.46 km^2，影响人口 2 500 多户、7 000 多人，同时，遗留下安全、生态等问题。具体表现如下：

1）安全隐患突出

目前，矿山废弃坑最大深度可达 90 m，矿坑积水可达 20 m；高陡边坡 55 处，最大坡度达 80°，且坡面遍布危岩，部分坡体不稳定（图 3.15）。在汛期或暴雨等极端天气下，极易形成矿坑积水、边坡滑塌等地质安全隐患，威胁着周边群众和往来人流的人身安全，制约了当地的社会发展。消除存在的安全隐患是发展的首要任务，必须认真对待。

（a）危岩边坡不稳定

（b）边坡存在安全问题

图 3.15　安全隐患突出

2）生态环境恶化严重

经过多年开采，铜锣山片区原有森林植被和生态环境遭到极大破坏，形成 24 处大小不等的废渣堆，41 处露天采坑、10 处较大的积水塘，废弃厂房、办公房（部分已成危房）72 处。周边农田水利设施、乡村道路和植被大量损毁，造成山体破坏、地面变形、地面压占等多种类型的环境破坏（图 3.16），严重影响主城区的“城市肺叶”。矿区岩体裸露、水土流失严重，遇晴扬尘、逢雨积泥，对 319 国道的过车行人及周边群

众生活出行等带来了极大影响。矿山开采还严重破坏了周边区域的生物多样性，大大降低了生态系统的稳定性，严重制约了人与自然和谐相处和区域经济的发展。

（a）破坏地面

（b）地面土壤裸露

图 3.16　生态环境恶化

3）土地利用效率低下

随着采矿工作的开展，地面土壤被大量剥离，导致采矿活动区多呈现无土壤的环境，严重降低了土地的利用效率。矿山关闭后，原被占用破坏的耕地、林地未能得到及时综合整治，其生产功能得不到恢复，难以重新用于农业生产经营，土地被迫荒废闲置，利用效率低下（图 3.17）。同时，过去受益于矿山开采的当地群众，也不能通过出租土地或从事采石、运输相关活动获得收入，导致当地群众生计困难，形成新的民生问题造成社会不稳定矛盾。

（a）占用道路

（b）占用建筑用地

图 3.17　土地利用效率低下

3.3.3　矿业遗迹的典型性

玉峰山从 20 世纪 70 年代开始开采，是重庆市建材的供应地。其开采规模较大，开采历史悠久，现存矿业遗迹类型繁多，包括 93 处矿业建筑遗迹，其中办公楼 13 栋，

建筑遗迹大多仅余留主体承重结构，外墙及顶部破损严重，有部分石质建筑已经只剩地基残余，部分保存较为完好的建筑已被周边居民改造使用。矿业遗迹作为矿业开发过程中遗留下来的与采矿活动相关的踪迹和实物主要包括矿产地质遗迹和矿业生产生活遗迹。玉峰山废弃矿坑群作为典型的露天矿山矿业遗迹，具有珍贵的矿业历史和科学研究的价值，能提供休闲观光于一体的综合性露天矿业遗迹。通过保留矿业遗迹的方式将废弃矿山转变成矿山遗址公园和矿产科普产业，充分发挥矿业遗迹的典型性。

3.3.4 再利用示范性

根据玉峰山废弃矿坑群所在区域自身的资源优势、矿业遗迹优势、景观资源优势及区位条件，以及其自然资源本底、土地属性、生态环境问题，在资源潜在的再利用、矿山公园建设、地质矿产科普展示、矿坑休闲旅游及巴渝民宿建设等方面均有较好的开发利用价值，应充分把废弃矿坑群的生态优势和旅游优势转化成发展的优势，推动当地经济的可持续发展。

通过对矿业遗迹资源的保护与修复，矿业遗迹展示等科普文化的形式也是对废弃矿坑群再利用的一种方式；还可以通过“矿坑 + 旅游”的形式展开对废弃矿坑的再利用，在对矿业遗迹保护的前提下展开旅游宣传；还可以通过结合“矿业遗迹 + 旅游 + 文化 + 科普”的形式的综合利用模式，在保护修复矿业遗迹的同时展开针对矿业遗迹的再利用工作，提高资源的利用效率，盘活废弃的土地资源，带动区域的经济发展。

第 4 章　玉峰山废弃矿坑群矿业遗迹调查评价分析

4.1　矿业遗迹调查与评价方法

4.1.1　矿业遗迹分类

根据《中国国家矿山公园建设工作指南》内容，将矿业遗迹分为 6 类：矿产地质遗迹类、矿业开发史籍类、矿业生产遗址类、矿业活动遗迹类、矿业制品类、与矿业活动有关的人文景观类。根据前期所获资料将铜锣山矿山公园遗迹类型分为矿产地质遗迹、矿业生产遗址类、矿业活动遗迹类、与矿业活动有关的人文景观遗迹（表 4.1）。

表 4.1　铜锣山矿山公园矿业遗迹分类表

遗迹类型		特点与价值
地质遗迹	铜锣峡背斜	典型地质结构，具有较高的科普价值
	旱坑地质遗迹	裸露采坑，坑体内部水密性差，坑体内部无水体和土壤。具有较高的科普价值
	矿坑湖地质遗迹	坑体内部水密性好，雨水汇入坑体后存留，日积月累形成矿坑湖。具有较高的观赏价值和科普价值
矿业生产遗址		包括采石场、采坑等，具有较高的观赏价值和科普价值。该区域主要是采坑

续表

遗迹类型		特点与价值
矿业活动遗迹		与矿业开采有关的生产、生活遗迹，包括厂房、仓库、料仓等，分布零散，体量相对较小，具有一定的科普价值
人文景观遗迹	石工号子	具有较高的休闲娱乐和科普价值
	石灰岩建筑民居	具有较高的休闲娱乐和科普价值

4.1.2 调查方法

1）调查原则

（1）系统性原则

对玉峰山废弃矿业遗迹资源调查，应对公园内资源、人口、经济、社会、行政、设施、地理、环境等方面进行调查，还需考虑废弃矿坑所处渝北区及其周边区域的自然环境、社会环境、经济水平及区位条件等多方面因素。在进行资源调查时，应全面、系统地考虑各方面因素，是科学、准确地了解玉峰山废弃矿坑群矿业遗迹资源评价的前提。

（2）综合性原则

铜锣山矿山公园具有典型性和稀有性，应对公园内自然景观及人文景观于一体的资源体系进行综合调查，挖掘出科学文化、自然美学、游憩等综合价值。其中，矿业自然景观资源包括地质、水体、生物和天象等基本景观类型；矿业人文景观资源包括胜迹、建筑和风物等；矿业自然和人文景观相互联系、互为映衬，形成独具特色的公园景观资源配套系统。

（3）重点性原则

铜锣山矿山公园矿业景观丰富，形态各异。不同的矿业景观有着各种形式的由来和历史，自然景源的调查重点是对公园内的矿业景观进行调查；人文景源的调查重点是对公园内的矿业文物及生活生产历史进行调查，以充分反映矿业人文景观特色。

（4）科学性原则

对铜锣山矿山公园景观资源进行实地考察调研应站在客观实际的角度，对景观资源的类型、构成、规模、体量、分布等现状进行客观、科学地进行记录，不可因人为因素或其他原因，随意拔高或降低对公园景观资源的价值，力求为评价提供合理、科学、真实的数据。

2）调查内容

基于矿业遗迹资源分布情况，本次风景资源调查评价范围主要为《重庆渝北铜锣山矿山公园总体规划（2016—2030）》所确定的公园范围全域，以自然流域、行政边界、地形地貌、现状道路等为依据，确定 24.15 km^2 的调查范围为东经 106°43′20″～106°48′14″、北纬 29°43′10″～29°49′12″。

调查内容主要包括调查范围内的矿业遗迹景观及其他景观点的外观形态与结构特征、属性特征、组成成分特征、规模与体量特征、环境背景特征、关联事物特征、开发保护特征等。

3）调查方法

（1）全面性调查

主要通过资料统计分析法、实地勘测调查法和询问调查法这 3 种方法展开全面性调查。资料统计分析法是指收集并熟悉玉峰山废弃矿山的相关资料，如《重庆渝北铜锣山矿山公园总体规划（2016—2030）》等，并对调查过程中获取的图像和测量数据等资料进行整理、统计与分析，为资源评价作准备。实地勘测调查法是指调查人员深入公园现场，利用现代科技设备与手段，如照相机、摄像机、望远镜、全球定位系统（GPS）、现代测量技术（全站仪）、物探技术等，对风景资源的形态、颜色、位置、范围、大小、面积、体量、长度等进行准确的测定。询问调查法是风景资源调查的一种辅助方法，通过采用设计调查问卷、调查卡片、调查表等形式，对铜锣山矿山公园的当地有关部门、居民、游客等进行面谈访问、电话咨询、留置问卷调查等，获取需要的资料信息。

（2）典型性调查

在全面性调查的基础上，对玉峰山废弃矿坑群周边的典型矿业遗迹进行调查，主要包括各种类型的矿业遗迹，包括地质遗迹、矿业生产生活遗迹和矿业人文景观调查。通过调查记录其基本形态、环境等特征并作出评价。地质遗迹调查是指对铜锣山矿山公园内典型的矿产地质遗迹进行调查，记录其基本形态、环境等特征并作出评价。矿业生产生活遗迹调查是指记录其基本形态、结构、环境等特征并作出评价。矿业人文景观调查包括矿业特色民居、人文遗址、生产生活器具等，采用拍照、测量、询问、查阅相关资料等方式进行调查并了解其传说、由来和历史，分析公园矿业人文景观资源特色。

4.1.3 评价方法

矿业遗迹景观资源评价指标的重要性是不同的，不能将调查所得到的评分简单相加，必须进行加权平均。加权平均的关键是各指标权重的确定，这项工作比较复杂，争议也比较多。本书中对资源的评价方法采用的是层次分析法。

层次分析方法（Analytic Hierarchy Process，AHP），是由美国运筹学家 T. L. Saty 在 20 世纪 70 年代提出的，是对非定量事件作定量分析的一种简便方法，也是人们对主观判断作客观描述的一种有效方法。其基本思想是根据分析对象的性质和决策或评价的总目标，把总体现象中的各种影响因素通过划分相互联系的有序层次使之条理化。AHP 是一种有效的多目标决策方法，它对人的主观感觉客观地进行描述，把定性问题转化为定量问题。

层次分析法的研究思路符合本次景观资源评价的目的，在现有评价体系研究中也是常用的分析方法，选择 AHP 作为本评价的分析方法。AHP 由综合评价层、项目评价层、因子评价层 3 个部分组成。

1）评价原则

（1）稀有性

重庆市渝北区铜锣山矿山公园开采矿种为石灰岩，有规模不等、形态各异的矿坑 41 个，其南北绵延 10 km，是全国典型的石灰岩采石矿山群，是重庆主城区周边唯一一个矿坑遗迹，改建成公园对市民的游憩需求与当地居民的经济需求都非常重要。

铜锣山采矿形成的矿坑群，坑壁陡峭，险峻多姿，呈串珠状镶嵌在铜锣山间。常年蓄水的矿坑湖，湖水碧蓝澄澈，明丽见底，随着光照变化、季节推移，呈现不同的色调与水韵，形成了独特的矿坑奇景。园区内，矿坑群遗迹、矿坑水体遗迹具有较高的科普教育和观赏价值，在国内同类矿山中具有极高的稀有性，属世界少有、国内罕见的遗迹，具有较高的科普和观赏价值。

（2）典型性

石灰岩作为主要建筑材料——碎石的来源，在重庆乃至全国的岩溶山区，石灰岩矿产开采较为普遍。铜锣山地区采矿遗留的 41 个矿坑，南北绵延 10 km，石灰岩开采遗留的矿业遗迹景观在全国同类矿山中具有典型性。遗迹的类型、规模、内容等具有全国代表性。

（3）观赏性

观赏性主要体现为壮观、复杂、奇特等方面。矿坑群规模宏大，形态各异，绵延十余千米，蔚为壮观；采坑壁险峻、陡峭多姿，矿坑峡谷幽深，道路蜿蜒曲折；在地表水比较缺乏的岩溶地区，采矿形成的矿坑中有 16 个常年蓄水，水体碧蓝澄澈，如嵌在大地上的翡翠、天空的镜子，具有较高的观赏价值。

（4）科学价值

园区所处的铜锣山背斜是川东帚状褶束的一部分。背斜轴部出露地层为三叠系下统嘉陵江组，经长期的侵蚀、溶蚀后形成了独特的“一山二岭一槽”的岩溶地貌景观，对研究四川盆地东部构造与成矿作用等都是极佳的佐证，具有较高的科普价值。此外，灰岩矿坑水体的形成机理、矿山地质环境治理恢复示范、生产工具遗迹、矿业制品遗存等都具有较高的科普教育价值。

（5）历史文化价值

铜锣山石灰岩矿床具有规模大、品位高、杂质少、层位稳定等优越条件，是理想的灰岩矿产基地。随着直辖市的确立，西南地区发展迅速，大大小小采石场沿着铜锣山遍地开花，高峰时期矿山企业上百家，年产值数亿元，由这里的石灰岩生产的碎石、水泥建设而成的桥梁隧道、高楼大厦、道路工厂等数不胜数，为我国的发展建设作出了卓越贡献。铜锣山石灰岩矿山群是我国现代化建设历程的见证者。

（6）遗迹保存程度

从明清时期石灰的烧制，到近代碎石的开采，历史长达百年。园区内留有系统的矿业遗迹，具体分为矿产地质遗迹类、矿业生产遗迹类、矿业活动遗迹类、与矿业活动有关的人文景观类 4 种。遗迹种类丰富，数量多，多数遗迹保存较好，已开发部分矿坑与建筑均得到了较好的保护与修葺，但未开发部分矿坑及建筑遗迹需要尽快进行保护与修葺，以免进一步损坏。整体来说，铜锣山矿山公园内的遗迹较为完整地展示着区内碎石开采的历史变革和它往日的辉煌。

2）评价指标体系构建

根据评价原则，综合矿业遗迹价值、环境质量与安全、可利用条件构建渝北区铜锣山矿山公园矿业遗迹评价指标体系。其中，矿业遗迹价值评价选择观赏游憩使用价值、科学文化价值两个重要的指标；环境质量与安全评价选择环境质量、环境安全等指标；可利用条件选择包括资源影响力、交通通行两个指标。再根据每个评价层指标的特点选择下一级因子评价层指标，具体见表 4.2。

表 4.2 渝北铜锣山矿山公园矿业遗迹评价体系表

目标层	综合评价层	项目评价层	因子评价层	项目描述
玉峰山废弃矿坑群矿业遗迹评价模型	矿业遗迹价值 B1	观赏游憩使用价值 C11	观赏价值 D111	矿业遗迹的美景度
			特色价值 D112	矿业遗迹在公园或区域内的独特稀有程度
			保健价值 D113	遗迹是否符合人们的心理需求以及其保健程度
			游憩价值 D114	矿业遗迹是否满足游客游览休憩需求及其舒适度
			适游期 D115	遗迹是否具有限定的适游期及其长短
			体量 D116	遗迹面积、体积大小
		科学文化价值 C12	科学价值 D121	在科研方面是否具有很高的学术价值
			历史价值 D122	矿业遗迹的影响程度及其历史研究价值
			艺术价值 D123	矿业遗迹展示给人类的艺术美
			科普价值 D124	在科普方面是否具有很高的教育价值
	环境质量与安全 B2	环境质量 C21	生态状况 D211	生物丰富度和植被覆盖度
			环境质量 D212	矿业遗迹环境构成要素及其未受破坏的程度
			环境容量及耐受力 D213	遗迹所能承受的游客数量及承受人为活动的能力
			协调性与多样性 D214	人文、自然景观与周围环境是否协调、丰富多样
			自然性与完整性 D215	遗迹的完整和统一性
		环境安全 C22	安全性 D221	遗迹是否存在安全隐患以及是否有一定的工程保护措施
			生态影响 D222	遗迹是否会对周边景观或环境产生影响
	可利用条件 B3	资源影响力 C31	知名度 D311	遗迹的社会影响力
		交通通行 C32	可达性 D321	到达遗迹的便捷程度

3）评分标准

根据现场调查情况，结合项目描述要求每组 6 人，同时对每一处遗迹进行现场评分，评分范围为 1 ~ 9 分：1 分表示某一景观在该因子方面为“差”；3 分表示“较差”；5 分表

示“一般”；7 分表示“较好”；9 分表示“很好”；其余分数（2、4、6、8）表示在各项评价之间，最终取平均值作为遗迹综合得分，根据遗迹得分对每个类型遗迹进行排序。

4.2　矿业遗迹调查结果

重庆玉峰山矿业遗迹主要包括矿产地质遗迹、矿业生产遗迹、矿业活动遗迹和与矿业活动有关的人文景观遗迹。

4.2.1　矿产地质遗迹

1）玉峰山铜锣峡背斜遗迹

铜锣峡背斜属川东帚状褶皱的一束，大致成北北东—南南西方向延长，呈 S 形扭曲，并经地壳隆升，最终形成了延绵 260 km 的背斜山脉，即铜锣山。整个背斜构造翼部陡，轴部平缓。就两翼倾角而言，东翼较西翼陡，在东翼倾角一般达 55°～85°，局部直立甚至倒转，倾角陡而变化大；西翼较东翼缓，倾角平缓且稳定，一般达 30°～50°。背斜核部为三叠系嘉陵江组石灰岩，其主要化学成分为碳酸钙（$CaCO_3$），易溶蚀。由于长期的地表侵蚀作用，铜锣峡背斜轴部形成岩溶槽谷，整体呈“一山二岭一槽”的地貌形态（图 4.1）。铜锣峡背斜，其典型的空间分布和地形地貌，对研究四川盆地东部构造与成矿作用等都是极佳的佐证，是重要的矿产地质遗迹，具有重要的科普价值。

图 4.1　铜锣峡背斜地貌形态

2）矿坑群地质遗迹

玉峰山石灰石开采遗留下的41处巨型露天采矿坑（图4.2）总面积约1.50 km^2，深5～75 m，坑壁裸露、陡峭无台阶，坑内遍布厂房、岩墙、废料堆等。

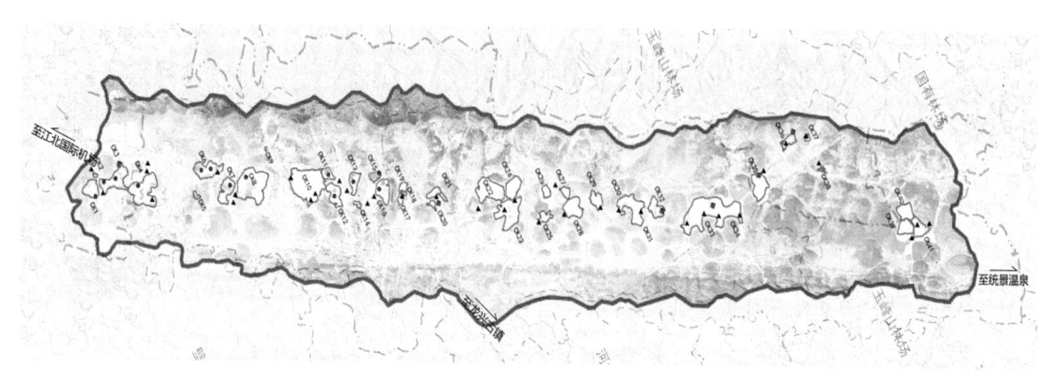

图4.2　玉峰山废弃矿坑群地质遗迹
（图片来源于《渝北区矿山公园矿业遗迹调查评价报告》）

4.2.2　矿业生产遗迹

玉峰山废弃矿坑矿业生产遗迹主要包括16处矿坑湖生产遗迹和40处旱坑生产遗迹。

1）矿坑湖生产遗迹

矿坑湖生产遗迹是雨水在采矿形成的深坑中汇集而成。根据调查，坑内常年矿坑湖遗迹16个，大部分分布在矿坑公园西南部及中部，水体总面积0.27 km^2，水体总体积1.14×10^6 m^3（图4.3）。

矿坑湖由雨水在深坑中汇集而成，湖水终年碧蓝澄澈，随着光照变化、季节推移，呈现不同的色调与水韵，具有极佳的观赏价值（图4.4）。同时，水体的存在极大地丰富了矿坑的生境类型，植被较旱坑长势明显更好，类型也更丰富，矿坑湖周边有两栖类动物出没，旱坑较少。

目前，大部分矿坑湖地质遗迹已完成生态修复与景观修复工作。根据矿坑的立地条件及景观特征不同，因地制宜地设置了观赏面及功能，CK6、CK8矿坑组群因其观景效果好，相对而立且地势平坦稳定，在此设置了民宿；CK8号矿坑呈凹陷型，整体空间大，水体呈桃心形，具有观赏价值，重点设计了水体周边植被，且用堆料在水中设计了“一池三山”的景观格局，最大限度地利用了其景观特色；CK10号矿坑面积大岩壁低矮不失气势，坑底地势平坦，土壤条件良好，在水体周边规划了花海景观，同时设置了亲水平台增加亲水性；CK11 号矿坑群地势高耸，高差起伏较大，岩壁陡峭险峻，以坑顶观景为主。

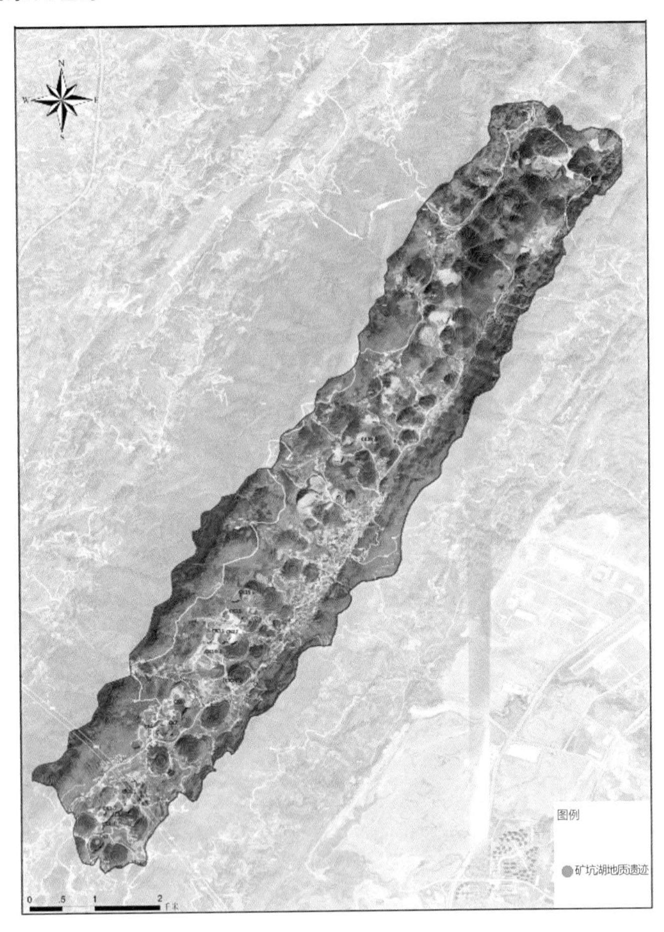

图 4.3　矿坑湖生产遗迹分布图

（a）CK4 矿坑湖生产遗迹

（b）CK7 矿坑湖生产遗迹

图 4.4　矿坑湖生产遗迹图（CK 代表矿坑编号）

2）旱坑生产遗迹

玉峰山矿坑群中，旱坑占矿坑的大部分，多数分布在铜锣山矿山公园东北部（图4.5）。

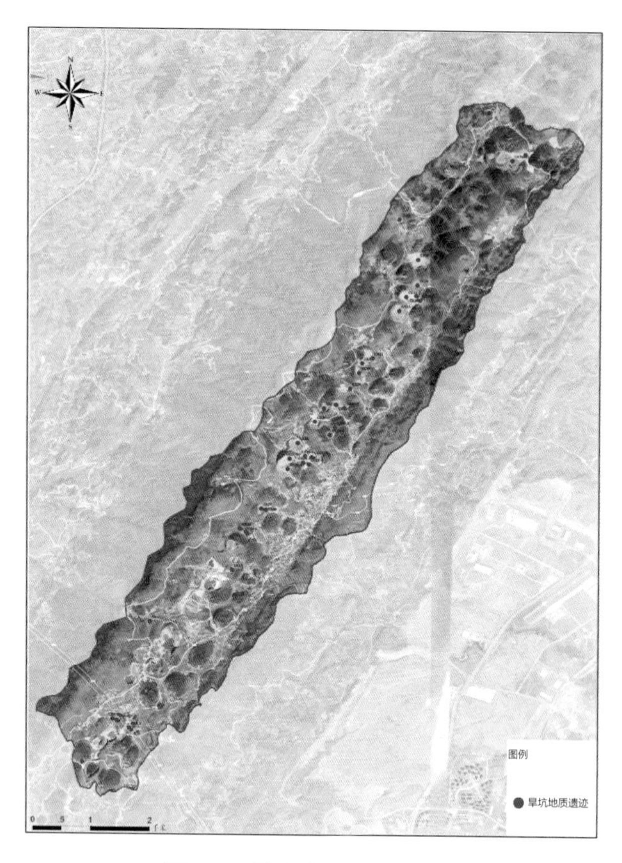

图 4.5　旱坑地质遗迹分布图

旱坑大多坑壁岩泥裸露，坑底起伏不平，植被稀疏，有废料堆积，周边植被自然生长，如同青山被撕裂的伤口，呈现着浑然天成的粗犷之美。同时，旱坑普遍存在交通不易、坑底洼地未填土、坑壁及坑底的堆料未清理等问题，仍处于废弃时的状态。但其景观特点鲜明，坑壁连绵气势不一，动若脱兔，静若处子，处处显现着工业与自然激情碰撞的原始痕迹。CK22、CK24 和 CK23 号 3 个大面积矿坑彼此相互连接形成一个矿坑组群，坑壁连绵不绝，景色却各不一样，翻过一个山丘却又见一片幽静深邃的美景，四面风光各不相同。

4.2.3　矿业活动遗迹

玉峰山废弃矿坑矿业活动遗迹共有 95 处，主要包括与生产相关的工业建筑物及办公楼场所，主要类型有料仓、厂房、仓库等。

1）工业建筑物遗迹

玉峰山矿业活动遗迹有工业建筑物遗迹共 81 处（图 4.6），分布在矿坑旁、道路旁、山林间等区域，为从事矿业生产生活时服务的建筑遗迹。主要类型有料仓、厂房、仓库等。遗迹保存情况不一，总体而言，砖混结构建筑（如料仓）较石质建筑保存更为完好，基本上保留了主体承重结构和基本功能，而石质建筑大部分仅余下地基或残垣断壁。

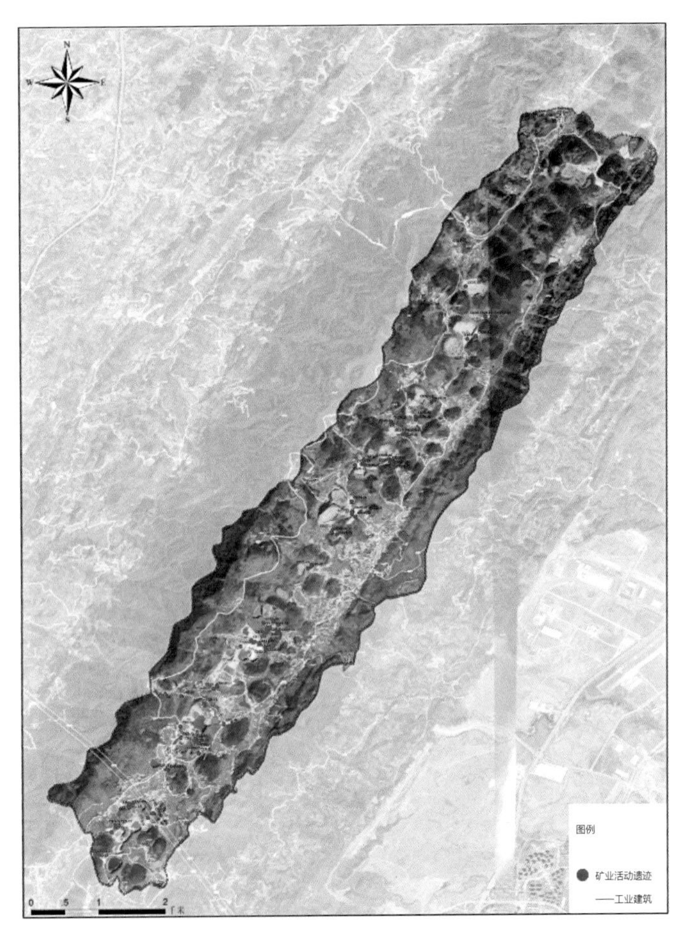

图 4.6　工业建筑物遗迹分布图

在工业建筑遗迹中方形料仓大多结构保存完整，且具有浓郁的矿业文化气息，可考虑修缮后增加其景观效果作为矿业遗迹的展览遗迹或作为观景平台使用。许多石质建筑残垣断壁极富矿业文化气息与历史的沧桑感但却隐没在山林间不易到达，可稍加修缮保留其景观特征，规划道路通达。两个较大的工业厂房可改造成矿业遗迹博物馆。在矿坑边特别是坑壁上的一层小平房可改造为观景台，利用其地理优势和建筑功能（图 4.7）。

（a）CK2 矿业活动遗迹

（b）CK35 矿业活动遗迹

图 4.7　矿业活动遗迹图（CK 代表矿坑编号）

2）办公建筑物遗迹

现存办公建筑物遗迹有 14 处（图 4.8），零星分布在矿坑周边，大多为砖混结构建筑，少部分有贴瓷砖或敷水泥石灰，一般为两层或三层楼房，存在不同程度的砖体脱落情况，未隔离加固，存在一定的安全隐患。

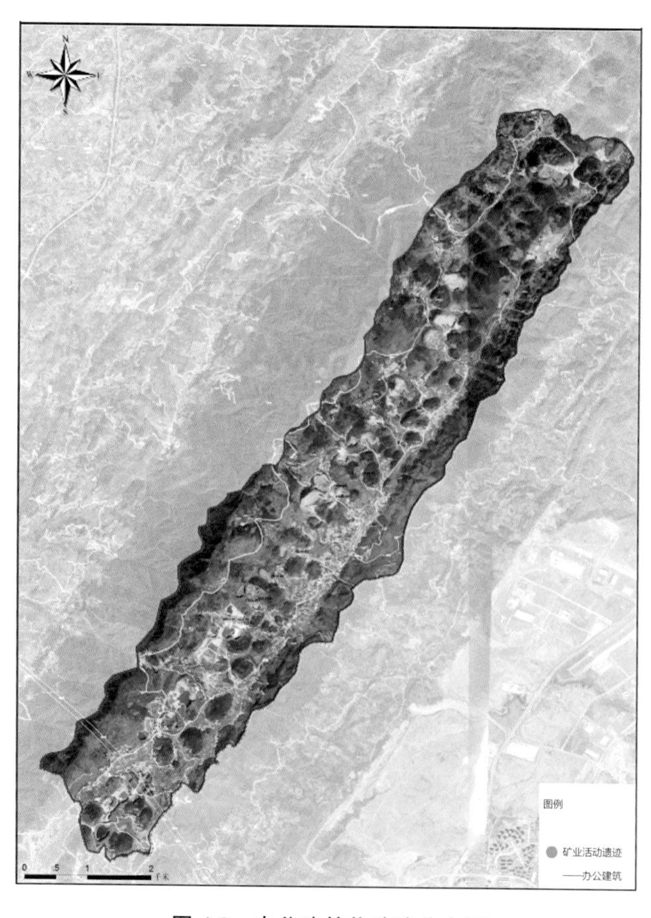

图 4.8　办公建筑物遗迹分布图

多数办公建筑物位于视野开阔、景观条件较好且距矿坑较近的区域，可以考虑加固修葺后作为矿业生产生活科普教育展览等（图 4.9）。

（a）CK24 办公建筑物遗迹

（b）CK25 办公建筑物遗迹

图 4.9　办公建筑物遗迹图（CK 代表矿坑编号）

4.2.4　与矿业活动有关的人文景观遗迹

1）石工号子

石工号子又称岩工号子、送石号子，是汉族民歌体裁劳动号子的一种，广泛流传于重庆、四川等开山采石工地。作为一种汉族民间音乐，石工号子的歌词有两种：一种是无特定内容的劳动呼号；另一种是触景生情的即兴编唱和传统叙事歌词，如《孟姜女》《唐僧取经》等。石工号子多为套歌结构形式，成套石工号子中的各单个曲目，彼此风格各异，曲调大都与当地其他民歌，特别是山歌关系密切。

2）石灰岩居民

玉峰山地区石灰岩丰富，当地居民建筑大都就地取材，堆砌而成，多为 2 或 3 层石砌建筑（图 4.10）。斑驳的石块裸露在外，具有历史的厚重感与浓郁的矿业文化气息，仿佛在无声地诉说那段红火的采矿岁月，矿工们每天日出而作，日落而归，把他们的青春、梦想、汗水都留在这一块块石灰岩里了，也刻在了他们的生活中。玉峰山现存有七八十年历史的房屋数百间，部分仍有居民居住。

图 4.10　石灰岩民居遗迹图

4.3 矿业遗迹等级划分和评价

4.3.1 矿业遗迹等级划分

拟建重庆市渝北区玉峰山废弃矿坑群矿业遗迹参照《中国国家矿山公园建设工作指南》的要求开展相关评价工作，分为总体评价和景点评价。根据指南要求，按照矿业遗迹分级标准，拟建重庆市渝北区玉峰山废弃矿坑群矿业遗迹分为重要级（二级）和一般级（三级），具体见表 4.3，并对矿业遗迹的典型性、稀有性、观赏性、科学和历史文化价值以及开发利用功能等作出评价。

表 4.3　玉峰山废弃矿坑群矿业遗迹等级

类型	描述	数量	等级	评价依据
矿产地质遗迹	铜锣峡背斜	1	重要级	其典型的空间分布和地形地貌，是研究四川盆地东部构造与成岩作用等的极佳佐证，具有区域典型意义的矿产地质遗迹，具有重要的科普价值
	矿坑群遗迹	41	重要级	矿坑群规模大，密集程度高，是西南地区灰岩矿山群采石场典型代表，具有区域意义
矿业生产遗迹	旱坑遗迹	40	一般级	矿坑数量多，密集程度高，是西南地区灰岩矿山群采石场典型代表
	矿坑湖遗迹	16	重要级	石灰岩缺水地区形成的矿坑湖水体景观，具有区域典型意义的矿产遗迹
矿业活动遗迹	工业建筑物遗迹	81	一般级	园区的工业建筑是灰岩开采历程的重要见证
	办公建筑物遗迹	14	一般级	园区的办公建筑是灰岩开采历程的重要见证
矿业活动有关的人文景观遗迹	石工号子	—	一般级	是重要的采石文化风土人情的代表
	石灰岩民居	数百间	一般级	是人们利用灰岩石材重要的见证

4.3.2　矿业遗迹评价

1）矿产地质遗迹评价

铜锣峡背斜属川东帚状褶皱的一束，经地壳隆升，最终形成了延绵 260 km 的背斜山脉，即铜锣山。背斜核部为三叠系嘉陵江组石灰岩，其主要化学成分为碳酸钙（$CaCO_3$）。由于长期的地表侵蚀作用，铜锣峡背斜轴部形成岩溶槽谷，整体呈“一山二岭一槽”的地貌形态。其典型的空间分布和地形地貌，是研究四川盆地东部构造与成岩作用等的极佳佐证，是具有区域典型意义的矿产地质遗迹，具有重要的科普价值。

2）矿业生产遗迹评价

玉峰山石灰岩矿坑群是主要的矿业遗迹，共有规模不等、形态各异的矿坑 41 个，矿业生产遗迹 56 处。其南北绵延 10 km，呈串珠状镶嵌在铜锣山间，形成了独特的矿坑奇景。矿坑群规模大，密集程度高，是西南地区灰岩矿山群采石场典型代表，具有区域意义。矿业生产遗迹数量众多，可以通过层次分析法排序后对不同等级的遗迹采取不同的保护措施。

（1）评价指标及权重

根据评价指标体系内容及指标的含义，通过邀请生态学、旅游学、地质研究等领域的专家各 5 名，对评价因子进行赋值，并利用层次分析法计算权重，取其平均值作为最终指标权重。各指标权重见表 4.4。

表 4.4　玉峰山矿坑群矿业遗迹评价体系表

目标层	综合评价层	B 层权重占比	项目评价层	C 层权重占比	因子评价层	D 层权重占比
玉峰山废弃矿坑群矿业遗迹评价模型	矿业遗迹价值 B1	0.438 5	观赏游憩使用价值 C11	0.551	观赏价值 D111	0.471 7
					特色价值 D112	0.210 8
					保健价值 D113	0.065 8
					游憩价值 D114	0.174 1
					适游期 D115	0.028 4
					体量 D116	0.049 3
			科学文化价值 C12	0.449	科学价值 D121	0.252 5
					历史价值 D122	0.131 1
					艺术价值 D123	0.208 8
					科普价值 D124	0.441 6

续表

目标层	综合评价层	B层权重占比	项目评价层	C层权重占比	因子评价层	D层权重占比
玉峰山废弃矿坑群矿业遗迹评价模型	环境质量与安全B2	0.300 2	环境质量C21	0.349	生态状况D211	0.176 3
					环境质量D212	0.195 6
					环境容量及耐受力D213	0.190 1
					协调性与多样性D214	0.222 3
					自然性与完整性D215	0.215 7
			环境安全C22	0.651	安全性D221	0.566 7
					生态影响D222	0.433 3
	可利用条件B3	0.261 3	资源影响力C31	0.550 9	知名度D311	0.550 9
			交通通行C32	0.449 1	可达性D321	0.449 1

（2）矿业生产遗迹评价结果

①矿坑湖遗迹评价结果。玉峰山废弃矿坑群有矿坑湖16处，这是公园内地形最为多变、景色最为瑰丽的地质遗迹景观（表4.5）。矿坑湖多分布在矿坑公园西南及中部，一般为组团式出现。矿坑湖大部分进行了施工建设，对其周边景观进行了梳理与再造，普遍景观效果较好，游人停留度高，是公园主要的观赏对象。

矿坑中的水面大多呈翠绿色，温润可人，CK7号矿坑遗迹水面呈蓝绿色，较为特殊，且其坑壁挺拔高耸，游人能站在坑壁旁向下俯视，有很高的景观价值。CK3、CK15号遗迹坑壁雄奇，水面清澈平静，坑底地势较好，有很好的亲水性与利用价值，但目前仍未进行开发利用，可以考虑下阶段重点营造此处景观。如果说公园的矿坑如同珍珠镶嵌在铜锣山中，那么矿坑湖就是其最耀眼的几颗，在这里，不仅能近距离仰视自然的雄奇，也能体验到人与自然的和谐相处。

表4.5　矿坑湖地质遗迹评价结果（评分前10）

排名序号	遗迹编号	描述	照片
1	CK8	海拔高程543～608 m，面积199 080 m^2，体积826万m^3，平面呈不规则形状，平均深度65 m，坡度80°。整块稳定安全，分层较稳定，较为安全	

续表

排名序号	遗迹编号	描述	照片
2	CK3-1	坡度 80° ~ 90°，为整块石灰岩岩体，坑体顶部有少量紫红色泥岩。岩壁稳定安全，分层较稳定，较安全。岩壁有部分黄色泥岩露出，岩壁环山抱水，植被恢复良好，顶部和壁缝中有植被生长。常年有水，水深，呈墨绿色	
3	CK4-1	采坑海拔高程 532 ~ 580 m，实际面积 136 600 m^2，采坑体积 417 万 m^3，平均深度 48 m。平面呈对称双翅状，北东向展布，两个采坑中部以采石形成的宽 30 m 的人工峡谷相连，采坑南端有约 8 200 m^2 的积水塘，平均水深约 1.5 m，采坑北端有水体面积 9 054 m^2 的矿坑湖，平均水深约 1.2 m	
4	CK4-2	坑壁与坑顶植被恢复良好，坑壁层次明显。岩壁高度高低不一，蜿蜒起伏，造成多样的景观视野角度；坑底水面积小，水面清澈，颜色绿蓝色，形状不规整；坑内有直达水体的开采作业通道，增加景观的亲水性。周围植被覆盖度高	
5	CK1	采坑海拔高程 531 ~ 547 m，实际面积 21 800 m^2，采坑体积 2 220 000 m^3，平均深度 20 m。坑顶部植被长势良好。有开采作业通道蜿蜒而上。坑壁人类损坏程度较少，整体自然程度高，植被恢复进程良好，有网格栅栏进行保护。周围森林资源丰富。该矿坑遗迹位于乡道旁，交通便利	
6	CK6	海拔高程 543 ~ 618 m，面积 88 010 m^2，体积 42 000 000 m^3，平面呈 W 形，平均深度 75 m。坡度 90° ，整块稳定安全，分层较稳定，较为安全。岩壁分层明显，有黄色岩泥，岩壁顶部植被茂密，有部分岩壁突起。水深，周边无防护措施，有一定危险，但有滩涂地，有亲水空间。该矿坑遗迹位于乡道旁，交通便利	

续表

排名序号	遗迹编号	描述	照片
7	CK12	海拔高程 543 ~ 601 m，面积 62 950 m^2，体积 2 322 800 m^3，平面呈不规则形状，平均深度 58 m。坡度 85° ，为分层石灰岩岩体。整块稳定安全，分层较稳定，较为安全。岩壁分层明显，有黄色岩泥，岩壁顶部植被茂密	
8	CK3-2	矿坑与另一矿坑相连，平底，场地有些许起伏。崖壁石灰壁裸露，结构层次明显，零星散布有先锋速生种。崖顶植物生长茂盛，层峦叠翠，风景秀丽。矿坑底部空间开阔，可步行至坑底游览	
9	CK7	海拔高程 538 ~ 589 m，面积 68 120 m^2，体积 2 209 500 m^3，平面呈 8 字形，平均深度 51 m。坡度 80° ~ 90° ，为破碎石灰岩岩体。整块稳定安全，分层较稳定，但有部分碎石堆砌，有一定危险。常年有水，水呈蓝绿色，水深。该矿坑遗迹位于乡道旁，交通便利	
10	CK15	海拔高程 543 ~ 626 m，面积 21 330 m^2，体积 1 131 700 m^3，平面近矩形，平均深度 83 m。坡度 90° ，为破碎石灰岩岩体。整块稳定安全，分层较稳定，较为安全。常年有水，水色翠绿。水深，周边无防护措施，有一定危险。该矿坑遗迹位于乡道旁碎石路步行 100 m	

②旱坑地质遗迹评价结果。玉峰山废弃矿坑群中共有旱坑 40 处，其大多分布在公园中部及东北部（表 4.6）。旱坑基本上还未开发，仍处于废弃后的原始状态，坑底未经填土或植被清理、坑壁上多有余料堆积，有一定的安全隐患存在。旱坑没有水的衬托，少了一份柔情，陡峭高耸的坑壁、翠绿幽深的山林将原始的旷野与自然的雄奇壮丽表现得淋漓尽致。

在后续开发利用中，可以考虑尽可能保留其原始地形地貌，以本地植物为主梳理其周边植物，最大限度地保留其野趣与自然风貌，适合营造各种野外观光项目。

表 4.6　旱坑地质遗迹评价结果（评分前 10）

排名序号	遗迹编号	描述	照片
1	CK23	平底，海拔高程 586 ~ 624 m，面积 11 812 m^2，平均深度 38 m。坡度 90°，为破碎石灰岩岩体。岩壁结构稳定，安全性较高。岩壁围合度高，坑底地势平坦，且有 3 座自然山丘保留。岩壁顶部绿化度高，整个矿坑封闭感强。位于主干道旁，交通便捷。有一砂石堆积的观景台，可将矿坑美景尽收眼底	
2	CK33-1	采坑海拔高程 585 ~ 655 m，实际面积 250 130 m^2，采坑体积 11 210 000 万 m^3，为采石矿山群中最大的采坑，平均深度 70 m。坑壁创伤面严重，面积大，高度高，坑面不平整，凹凸有致，形成别致景观；有多处平台，均有植被恢复；颜色较为丰富：灰色、黄色、淡黄色、白色等。坑顶线绵延起伏，其上植被恢复程度不好。场地位于小路旁，交通较便利	
3	CK33-2	采坑海拔高程 541 ~ 617 m，实际面积 55 020 m^2，采坑体积 2 660 000 m^3，平均深度 76 m。坑底较为平坦，表层有小石粒覆盖，内有一水塘，内部有一螺旋形的开采道。坑壁植被恢复情况一般，坑底角落有采矿遗留乱石，危险系数较大。周围环境良好，森林覆盖率高，虫鸣鸟叫萦绕，生态环境良好	
4	CK26	半凹陷，海拔高程 580 ~ 612 m，面积 20 190 m^2，体积 412 600 m^3，平面呈不规则形状，平均深度 32 m。坡度 80° ~ 90°，为整体石灰岩岩体。稳定安全。岩壁往两侧变低，直至与路面相接。顶上植被恢复较好，岩壁植物较少，坑底草丛多。岩壁左侧有堆积的石沙。大路旁，交通便利。该矿坑体积不大，但半凹陷的外形让人能往上、往下看，视线动线丰富	

续表

排名序号	遗迹编号	描述	照片
5	CK22-1	半凹陷，海拔高程592 ~ 660 m，面积36 186 m^2，平均深度68 m。坡度70° ~ 80°，为分层石灰岩岩体。岩壁总体结构稳定，但下部有破碎石块堆积，且滑坡风险高，有一定安全隐患。岩壁植被恢复较差，但顶部植被丰富，有鸟类筑巢。沿砂石路200 m左右可到大路。坑壁往两侧变低与群山相接，山线连绵起伏。坑整体呈半球形，体积大，壮观	
6	CK33-3	矿坑正在进行生态治理与恢复，矿坑崖壁的岩层裸露，鲜有植物，植被覆盖率较低。矿坑顶部有稀疏灌草生长，长势一般，底部空间开阔，地表裸露，仅有少量草本植物生长，并散有大量的碎石。矿坑周边为恢复后的边坡，现已有部分灌木和草本覆盖，长势较好，远方山体植被覆盖率高、郁郁葱葱，景色优美。该矿坑紧邻公路，交通条件便利	
7	CK4-5	矿坑崖顶植物生长茂盛，崖壁生态恢复良好，植被覆盖率高，部分裸露的崖壁岩石结构层次分明。矿坑底部空间开阔，恢复后的植物长势良好，覆盖率高，远观与崖壁相连，浑然一体，景色优美。矿坑紧邻道路，交通条件便利，可车行至此游览观赏，领略大自然秀美的景色	
8	CK24	平底，海拔高程592 ~ 660 m，面积36 180 m^2，平均深度68 m。坡度80° ~ 90°，为破碎石灰岩岩体。岩壁结构稳定，安全度高。岩壁植被恢复良好，顶部及壁缝中均有植被覆盖，绿意盎然，矿坑深邃悠远。该矿坑旁有砂石路通往主要交通干线乡道，交通良好。半坡处有一观景平台	

续表

排名序号	遗迹编号	描述	照片
9	CK29	平底，海拔高度程 622 ~ 646 m，面积 39 150 m^2，采坑体积 598 700 m^3，平均深度 24 m。坡度 80°，为分层石灰岩岩体。岩壁分层稳定，但有石料堆积，有可能发生滑坡等地质灾害。坑壁顶部有植被覆盖，坑壁分为 3 层，呈黄色，坑底地势平坦，有一些人工遗迹。该矿坑遗迹位于乡道旁，交通便利。坑底平坦，有人工遗迹可供观赏	
10	CK35	采坑海拔高程 610 ~ 656 m，实际面积 80 340 m^2，采坑体积 2 353 000 m^3，平均深度 46 m。有黄色岩石裸露，地质结构不稳定，山体高低起伏。植被覆盖度低，有商陆、灰茅等。其前方有一宽敞坝子，有大型矿产生产机器遗迹。该场地与道路相连，交通便利	

3）矿业活动遗迹评价

（1）评价指标及权重

根据评价指标体系内容及指标的含义，邀请生态学、旅游学、地质研究等领域的专家各 5 名，对评价因子进行赋值，并利用层次分析法计算权重，取其平均值作为最终指标权重。各指标权重见表 4.7。

表 4.7　玉峰山废弃矿坑群矿业遗迹评价体系表

目标层	综合评价层	B 层权重占比	项目评价层	C 层权重占比	因子评价层	D 层权重占比
渝北铜锣山矿山公园矿业遗迹评价模型	矿业遗迹价值 B1	0.365 8	观赏游憩使用价值 C11	0.551	观赏价值 D111	0.471 7
					特色价值 D112	0.210 8
					保健价值 D113	0.065 8
					游憩价值 D114	0.174 1
					适游期 D115	0.028 4
					体量 D116	0.049 3

续表

目标层	综合评价层	B 层权重占比	项目评价层	C 层权重占比	因子评价层	D 层权重占比
渝北铜锣山矿山公园矿业遗迹评价模型	矿业遗迹价值 B1	0.365 8	科学文化价值 C12	0.449	科学价值 D121	0.252 5
					历史价值 D122	0.131 1
					艺术价值 D123	0.208 8
					科普价值 D124	0.441 6
	环境质量与安全 B2	0.300 2	环境质量 C21	0.349	生态状况 D211	0.176 3
					环境质量 D212	0.195 6
					环境容量及耐受力 D213	0.190 1
					协调性与多样性 D214	0.222 3
					自然性与完整性 D215	0.215 7
			环境安全 C22	0.651	安全性 D221	0.566 7
					生态影响 D222	0.433 3
	可利用条件 B3	0.334	资源影响力 C31	0.5	知名度 D311	0.5
			交通通行 C32	0.5	可达性 D321	0.5

（2）矿业生产遗迹评价结果

①矿坑湖遗迹评价结果。玉峰山废弃矿坑群中的办公遗迹多为该区域保存最完整、规模最大的建筑遗迹，且安全性较高、空间更大、可利用性较高。铜锣山公园内现存的办公遗迹共有 14 处，大都结构完好，CK15-B2、CK34-B1 建筑遗迹甚至完整保留了门窗（表 4.8）。

办公遗迹多位于离矿坑群不远处交通便利的区域，不仅可达性高，而且离矿坑较近，甚至能直接望见坑壁，可利用性高。CK20-B1、CK24-B1、CK35-B1 号遗迹视野开阔，可考虑为建筑遗迹营造功能节点，如接待中心、服务点等。

表 4.8　办公遗迹评价结果（评分前 10）

排名序号	遗迹编号	描述	照片
1	CK24-B1	该建筑为采矿区办公楼遗址，为典型的砖混结构。面积 125 m^2，高 12 m，两层楼。建筑整体保存较完整，未发现明显的安全隐患。建筑背靠小山坡，植被覆盖率高，自然景色优美。建筑前有村道，交通条件便利	

续表

排名序号	遗迹编号	描述	照片
2	CK22-B1	该矿业建筑为采矿区办公楼遗址，为典型的砖混结构。面积 90 m^2，高 12 m，两层平房，顶楼有天台，一楼墙体为白色，漆面保存较好。建筑旁有一棵大黄葛树。建筑保存较完整，未发现明显的安全隐患。建筑前有道路，交通条件便利	
3	CK33-B1	该矿业建筑为采矿区办公大楼遗址，为典型的砖混结构。三层楼房，建筑主体承重结构完好，侧房边缘承重墙部分砖体脱落，有一定安全隐患。该建筑背靠植被葱郁的大山，面朝 1 km 外的矿坑。门前工业道路直接通往村道，交通便利	
4	CK15-B2	该矿业建筑为采矿区办公楼遗址，为典型的砖混结构。面积约 480 m^2，高 6 m，两层楼房。现被村民用作堆放建筑材料，堆放有很多混凝土柱、木板以及沙土包。建筑主体保存完整，结构稳定，安全性高。屋前有平坝，宽 20 m 左右。砂石路通行，交通较为便利	
5	CK20-B1	该矿业建筑为采矿区办公楼遗址，为典型的砖混结构。面积 240 m^2，高 8 m，三层平房。建筑整体保存较完整，未发现明显的安全隐患。建筑旁有道路相通，交通条件相对便捷	

续表

排名序号	遗迹编号	描述	照片
6	CK12-B2	该矿业建筑为采矿区办公大楼遗址，为典型的砖混结构。面积约30 m^2，高6 m，两层楼房。建筑整体保存较完整，未发现明显的安全隐患。建筑顶部有约0.8 m×1.5 m的混凝土结构蓄水池，周边植被恢复良好，前方场地经过人工平整、美化。建筑前有小路，建筑后方为公路，交通便利	
7	CK12-B3	该矿业建筑为采矿区小型办公遗址，为典型的砖混结构。面积约800 m^2，高3.5 m，一层平房。建筑保存较完整，未发现明显安全隐患。建筑前方有一片人工打造的园林景观，观赏性高	
8	CK12-B1	该矿业建筑为采矿区矿业办公楼遗址，为典型的砖混结构。面积40 m^2，高6 m，两层平房。建筑墙体表面部分砖体脱落，存在一定的安全隐患。该建筑位于方形料仓背后与11号矿坑旁，有小路相通，交通条件相对便捷	
9	CK35-B1	该矿业建筑为采矿区办公遗址，为典型的砖混结构。长8 m，宽4 m，高6 m，两层楼房。建筑主体承重结构完好，未发现明显的安全隐患。建筑的背后为山体，植物生长茂盛，植被覆盖率高。建筑前有平坝，空间开阔，建筑旁有道路相通，交通条件便利	

续表

排名序号	遗迹编号	描述	照片
10	CK34-B1	该矿业建筑为采矿区办公楼遗迹。建筑表面有贴白色瓷砖，建筑保存完好，为两层钢筋混凝土结构建筑，建筑背靠青山，左侧是矿坑，前面有一院坝，周边植被茂密，建筑旁有道路相通，交通条件便利	

②工业建筑遗迹评价结果。玉峰山废弃矿坑群周边的工业建筑遗迹数量庞大，分布较散，多为采矿所需的配套建筑，典型砖混结构建筑。多数建筑整体承重结构较为完好，少数仅余地基或残垣断壁（表 4.9）。

园区内保留有料仓 20 余座，其中一座为圆形料仓，其余皆为方形料仓，构造特殊，建筑主体大多保存完整，CK14-J2 号方形料仓甚至保留了传输带，具有很高的科普价值，可以考虑将料仓作为独立观景项目。此外，园内还有许多矿业生产工具遗迹，CK35-J1 号遗迹保留了 3 台采矿机，具有极高的科普与教育价值；CK26-J1、CK33-J3 号遗迹为石质建筑遗迹组团，有浓厚的工业气息，有很高的历史与景观价值；CK33-J2 号遗迹是园内较为珍惜的宿舍楼，呈四合院样式，空间大、结构特殊，有很强的矿业生活气息。

表 4.9　工业建筑遗迹评价结果（评分前 10）

排名序号	遗迹编号	描述	照片
1	CK33-J2	该矿山建筑遗迹为仓库和宿舍楼，破损度较高，四合院形式，中间形成 80 m^2 左右露天小坝，其周围存在多座建筑，一起构成小型建筑群。建筑旁有道路相通，交通便利，周围植被丰富，其附近有一处景观优美的岩壁	

续表

排名序号	遗迹编号	描述	照片
2	CK35-J1	该处为面积较大的坑坝。由于开采，导致三面环林，一面为坑壁。周围植被覆盖率高，可以发展成为游乐区域，但需要加强坑壁的安全措施。有3台开矿机，形似螃蟹，外观历史感强，很好地反映了开矿文化。破坏程度较轻，是很好的景观资源	
3	CK8-J6	该矿业建筑为采矿区矿业生产遗址，方形料仓，为典型的砖混结构。面积390 m^2，高12 m，两层楼房，一层为块石结构，二层为砖混结构，旁边有两个完整的运输柱，建筑的左侧为双洞料仓，右侧为砖混结构的平房。建筑主体承重结构完好，整体保存较完整，未发现明显安全隐患。建筑旁有道路相通，交通条件便利	
4	CK12-J1	该矿业建筑为采矿区方形料仓遗址，为典型的砖混石块结构。面积约90 m^2，高8 m，两层，一层为块石混凝土结构，二层为砖混结构，传输柱体存在不同程度的砖块脱落现象。建筑主体承重结构完好，部分墙体砖块脱落，未发现明显的安全隐患。位于道路旁，交通条件相对便捷	
5	CK12-J2	该矿业建筑为采矿区生产遗址，为典型的砖混结构。面积约100 m^2，高6 m，两层平房，一层为空洞，二层四面围墙、无顶。一面墙上有3 m×2 m的洞，其余墙体完好。建筑承重结构稳定，安全性高。四周植被丰富，屋前平坝经过人工平整，周围种有园林植物，铺有石板路。位于马路旁，交通便利	

续表

排名序号	遗迹编号	描述	照片
6	CK14-J2	该矿业建筑为采矿区料仓遗址，为典型的砖混结构。面积约 48 m^2，高 8 m，两层平房。第二层大部分破损，一侧有铁质传输设备完好。建筑承重结构基本完好，但位于悬崖旁，存在一定的安全隐患。植被丰富，生态良好。该处是园区内传输设备保存最为完整的一处，具有很好的科普文化价值。仅有土路通行，交通情况一般	
7	CK26-J1	该矿业建筑为矿业活动遗址，为一个砖混建筑遗迹组群，场地长 20 m，宽 15 m。建筑部分破损严重，仅留下地基与残垣断壁，中间有一蓄水池保留较为完好。地势平坦，建筑结构稳定，水池周边有防护措施，安全性较高。门前工业道路直接通往村道，交通便利	
8	CK12-J3	该矿业建筑为采矿区生产遗址，为典型的砖混结构。面积约 80 m^2，高 8 m，两层平房，一层窗洞、门洞都被填充，二层窗洞保留。建筑主体结构完好，保存较完整。建筑背靠山体，较安全。周边植被覆盖度较高，恢复良好。紧邻公路，交通便利	
9	CK2-J2	该矿业建筑为采矿区矿业生产遗址，方形料仓，为典型的砖混结构。面积 80 m^2，高 12 m，顶部有传送设施。建筑主体承重结构完好，但配套设施有部分缺失，顶部有破损，存在一定的安全隐患。建筑背靠山体，前方有一小平坝。建筑旁有道路相通，交通条件便利	

续表

排名序号	遗迹编号	描述	照片
10	CK33-J3	该矿业遗迹为采矿区生产地，有广阔的坝子，坝子上有由当地石头砌成的高 3 m 的墙，破损程度较低，周围有五层楼高的建筑，在其后方 100 m 左右有景观良好的岩壁。周围植被覆盖率高，遗迹位于小路旁，交通不是很便利	

4）人文景观遗迹评价

（1）石工号子

石工号子又称岩工号子、送石号子，是汉族民歌体裁劳动号子的一种。它广泛流传于重庆、四川等开山采石工地，是重要的采石文化之一。为一般重要级（三级）保护遗迹，具有较高的科普价值。

（2）废弃矿坑周围民居建筑遗迹

玉峰山地区石灰岩丰富，当地居民就地取材，堆砌成特色民居，现存有七八十年历史的房屋数百间，是人们利用灰岩石材的重要见证。为一般重要级（三级）保护遗迹，具有较高的科普价值，为当地生态旅游特色民居发展指明了方向。

4.4 矿业遗迹再利用建议

4.4.1 创造利用现有条件

1）公园可利用资源选择的思路

（1）最大限度地回收有用矿物

作为废弃矿坑再利用的第一步，首先应当考虑尽力最大限度地回收有用矿物；其

次对存在较多水资源的矿坑，应该设法利用其水资源，或利用其地质构造加以开发改造；最后开发利用废弃矿坑，必须根据矿坑地质构造、地区经济发展特点、开发项目的适宜性等，决策其所投资项目及所应采用的利用方式。

（2）坚持贯彻环保理念

矿坑利用选择必须符合环保的要求，这是矿坑开发利用项目所必须考虑的重要因素，也是在投资项目规划设计过程中所应具备的前提条件。采矿开发过程给人类生存的环境带来了或多或少的污染与破坏，采矿结束后矿坑的再利用就更应以环保为前提，这是不可动摇的刚性条件。“资源的再利用”和“环保型经济”是 21 世纪资源经济发展的必须选择，矿坑再利用更应代表一个时代、一个新型的资源利用观和“绿色”的开发观念。

2）可利用资源的保留与改造

（1）保留

矿业遗迹在一定程度上反映了矿业废弃地曾经的辉煌历史，反映了人们当时的生产生活状态，诠释了这块场地的更新与衰退过程，展示了工业生产对自然系统的影响，有些矿业遗迹具有很好的教育与科研意义，对矿业遗迹进行保留是必要的，但保留的多少、内容和方式要需要根据铜锣山矿山公园的具体情况进行处理，大致可以分为以下 3 种情况：

①整体保留。对一条生产线、整个道路系统或一栋建筑、一台机器等进行全部保留，让人们欣赏其原状，了解工业的整个生产流程、原场地的功能划分以及当时生产所用的机器设备等。例如，将铜锣山矿山公园中大部分厂房原封不动地保留下来，以记录这个工业重镇的历史［图 4.11（a）］。

（a）整体保留遗迹

（b）部分保留遗迹

图 4.11　矿业资源遗迹保留

②部分保留。部分保留是指保留其构筑物和机械设施结构或构造的一部分，如基础框架、墙体等构件，人们可以从这些构件中隐约看到以前矿业景观的蛛丝马迹，从而联想到其整体特征以及与之相关的功能及故事。部分保留的构件可以处理成场地上的雕塑，只强调视觉上的标志效果，并不赋予其使用功能。例如，铜锣山矿山公园残留的钢筋混凝土墙体构件最吸引游客的注意，可以对原有建筑的部分保留设计所形成的独特景观雕塑，拆除其中建筑的大部分结构，保留其基础、弧形墙、柱廊等，营造出一种简约、抽象而富有诗意的环境［图 4.11（b）］。

③功能提升。在铜锣山矿山公园中存在着将要保留的遗迹，但其功能性不强、特色不够鲜明、没有保留价值，但经过加工又可以合理利用起来的矿业遗迹，应通过设计因地制宜地加以提升利用，最大限度地借助于经济的最少利用将那些“丑陋”的东西掩藏起来。这种设计是一种基于矿业遗迹自我有机更新能力的再生设计，使之能够重新参与工业生产的循环并且塑造新的功能。加强对矿业遗迹的功能提升，可以产生新的经济效益，降低改造的成本。

（2）改造

矿山公园的建立使矿山废弃地这一场地从功能上发生了彻底改变，由以前的生产功能变为供人们游览观赏、科学考察的特定空间地域。原有场地及构筑物等的设计只反映了其在原场地上的功能、过去人们的工作和生活状态，以及当时人们的审美观和价值取向。其改造方式可以从以下 3 个方面入手（图 4.12）。

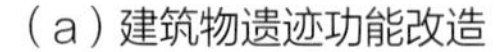
（a）建筑物遗迹功能改造

（b）石灰岩民居遗迹形式改造

图 4.12　矿业资源遗迹改造

①功能改造。保留下来的矿业遗迹可以通过功能改造完成其用途上的华丽变身，从而成为既符合矿山公园的使用功能又具有原矿业特色的景观建筑或小品。其中保留下来的建筑可以改造成博物馆、展览馆、旅馆、影剧院、办公室和其他文化建筑。建筑的外形、风格及内部的空间形态不用怎么改变，只是改变与其内部空间相适应的功能。例如，可将铜锣山矿山公园大跨度的厂房改造成博物馆、展览馆、餐厅、宾馆

及室内游戏场所等。这种“功能改造”产生了新的经济效益，而使厂房这一原本废弃的资源地重获价值。

②形式改造。随着时代的发展进步人们对美的理解也在不断发生着变化，秩序、协调、阵列是一种美，而形式的冲突、杂乱、无序是另外一种美，无论哪种形式的美都在于诠释它所在的那块场地的特征。这种审美观对后工业景观的兴起与发展奠定了基础，但并不表示后工业景观中工业遗迹就可以原封不动保留。从工业功能转化为景观功能后，遗迹的形式也要作相应的改造，使其更符合景观的审美与功能需求，只是保留足够的工业味道即可。

③废弃材料的再利用。铜锣山矿山公园中有许多废弃材料，如残砖废瓦、不再使用的工业原料和工业生产的废渣等。通过重新组合摆放可再次利用形成不同的景观类型。一些有价值的矿业原料和产品可以作为展示品让人们了解本矿山的原料及矿产品的类型；一些可以用作铺装材料、建筑材料以及园林设施的构成要素等。

4.4.2　推广矿山公园旅游经营

矿山旅游逐步纳入我国旅游产业，特别是近期国家有关部门开展了矿山旅游公园的策划与评价工作，这对丰富国内旅游资源，改善矿山生态环境，促进矿区和谐社会的建设等具有重要的社会、经济和生态价值。

1）推广矿山公园旅游经营的意义

利用矿山资源开发旅游项目，不仅使矿山资源能够得到永续利用，为矿山开拓新的经营渠道，有利于矿山企业和地区经济的可持续发展，而且有着极大的教育和社会公益价值。

（1）有利于矿区的资源优势转化为经济优势和市场优势

旅游业是综合性的产业，也是劳动密集型的服务性产业，涉及不同领域及其相关产业的发展，能提供较多就业岗位。按世界旅游组织资料，旅游业每增加 1 元，相关行业的收入就能增加 4.3 元；每增加 1 个直接就业人员，社会就会增加 5 个就业机会。开展矿山旅游不仅会促进矿山主体经济发展，而且会大力促进交通、通信、餐饮、娱乐等第三产业的发展，吸纳大量下岗失业人员，减轻矿区的就业压力，解决职工的后顾之忧，稳定职工队伍，促进社会全面发展。

（2）有利于矿山生态环境的改善

开发矿山旅游资源，首要任务是通过生态环境恢复治理、工程治理等措施来缩短

旅游环境现状与需求的差距，从而使矿区的生态环境得到“质”的改善。矿区生态环境的恢复治理对维护良性的生态平衡、提高人们的生活环境质量、增进人们身心健康有着积极重要的意义。

（3）有利于培养青少年珍惜自然的良好品质

青少年学生有着很强的求知欲望，他们渴望了解大自然的奥秘，了解人类是如何开采和利用矿石的。组织青少年学生游览参观矿山旅游资源的自然风貌，认识地质矿物，了解生产工艺流程，会使他们学到在课本上很难学到的知识。矿区的发展过程、开发历史、矿床特点，会极大地激发他们从小树立热爱祖国、学好本领、立志成才、开发祖国矿产资源的远大理想。

2）矿山公园旅游经营模式

一般矿区旅游资源都在边远地区，交通不便，而且适应范围有限，要单独成为一个旅游目的地是比较困难的，只有与周边景区整合在一起，使之成为一条旅游线路上的一个景点，才能真正地达到开发旅游的目的。矿山公园旅游经营模式主要包括以下4种方式（图4.13）。

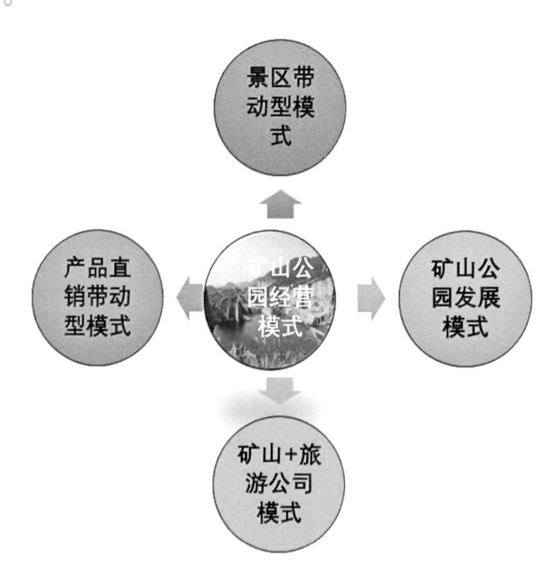

图4.13　矿山公园旅游经营模式

（1）景区带动型模式

景区带动型模式是以重点旅游景区为依托，对位于景区内或周边的矿区进行旅游项目开发，积极发展各类矿区旅游的产品。此模式可凭借重点景区的吸引力和充足的客源，扩大矿区旅游在游客中的影响力，从而带动其发展。通过矿区旅游项目的开发，

可以进一步完善景区的旅游产品体系，延长游客在景区的逗留时间，提高游客的消费水平。此模式进行开发的主要条件有：依托的旅游景区一定要具有较大的知名度和客流量，这样才能带动矿区旅游的发展；矿区旅游的特质要与旅游景区的整体氛围相吻合，绝对不能破坏景区的整体性。

（2）产品直销带动型模式

产品直销带动型模式是以具有悠久历史、在群众中有良好口碑、知名度较高、与群众日常生活紧密相关、消费量较大的著名矿区产品为依托，通过对游客开放，并进行产品直销，开展矿区旅游项目。此模式可发挥矿区产品的品牌效应，通过直销方式吸引游客来参观，直接获得经济收益，满足消费者的购物需求。此模式进行开发有两个条件：一是依托的产品一定要是直接满足群众生活的知名产品；二是可以让游客参与生产，满足其好奇心。

（3）矿山 + 旅游公司模式

矿山 + 旅游公司模式是在具有旅游规划、项目开发经验的旅游规划公司和线路组织、市场经营能力的旅游公司以及景点经营能力、旅游纪念品设计能力的企业的指导下，制订矿山旅游的发展规划，指导矿区进行资源的深入挖掘、配套设施的建设、项目的设计、市场的开发、产品的促销、服务的实施、旅游纪念品的设计，真正实现“工”和“游”的无缝对接。其意义在于旅游公司的参与可以弥补矿山经营旅游业经验的缺乏，使开发经营矿山旅游项目更加专业化。旅游公司可以将旅游项目纳入其经营的常规线路中，确保旅游的客源，同时丰富旅游公司的产品。

（4）矿山公园发展模式

矿山公园是指以展示矿业遗迹景观为主题，体现矿业发展历史内涵，具备研究价值和教育功能，可供人们游览观赏、科学考察的特定空间地域。矿山公园是一种新的地质资源利用方式，是使不可再生的重要矿业遗迹资源得到保护和永续利用的有效途径。矿山公园不仅可以恢复和治理矿区生态环境，为人们提供游览、观赏景观的空间区域，还可以充分展示我国社会文明史的客观轨迹和灿烂文化，为科学研究和科学知识普及提供重要的对象。建设矿山公园应具有的条件：矿业遗迹（构成矿区公园的核心景观）、人文景观、通过土地复垦等方式所修复的废弃矿山或生产矿山的部分废弃矿段、系统的基础调查研究工作、建设规划设计等。

4.4.3 开发多层次特色旅游功能

1）矿山公园旅游开发与规划的原则

矿山旅游资源的开发与规划应以突出特殊采矿特色为中心，在开发与规划中考虑的主要原则如下所述。

（1）景观美学原则

矿山旅游资源的美学特征是人工雕琢而成的。在开发与规划矿山旅游资源时，要将其历史特征、生产特征和自然特征与旅游气氛融为一体。

（2）生态保护原则

矿山开采对环境破坏是不容置疑的，污染的环境是不利于旅游资源开发的。矿山旅游资源开发与规划对生态保护的力度要更大，并且一定要坚持矿山生产与复垦相结合，形成绿色矿山，为发展旅游业奠定基础。

（3）科教性原则

当前，我国的矿区旅游产品客源集中在专业市场和学生市场当中。矿山旅游产品的科技含量和科普教育价值就成为主要的吸引力因素，忽视矿山旅游景区开发与旅游产品中的科学文化属性，必然会抹杀矿山形成一个具有多元文化景观与产品组合的旅游地域系统。

（4）安全性原则

矿山在生产中对矿体采掘产生不少安全隐患，如地表沉陷、排土场稳定性、剥离边坡稳定性等，需要对这些不安全的地点进行安全防范和建设。

2）矿山公园特色旅游功能开发区

（1）矿山宾馆

根据休闲度假的特点，矿山公园更应该注重矿山遗存的改造，根据铜锣山矿山公园的地形地貌及气候、水文条件，因地制宜地打造具有当地特色的矿山宾馆，将矿山公园的办公遗迹和生产生活遗迹设置为丰富的服务与接待设施，放慢游客的游赏节奏。在已规划的建筑上设玻璃顶棚，改造为温室花园餐厅，餐厅内遍植花卉，并在花丛中设置餐位。

（2）矿山博物馆

博物馆是矿山公园的主要组成部分之一，是利用图片、文字、模型、实物、影视及信息系统等多媒体形式，集中展示公园内矿业遗迹和矿山史迹，普及科学文化知识，并可作为休息娱乐、功能独特的宣传教育基地（图 4.14）。其建设应充分展示铜锣山矿山公园建设的意义和建设过程，主要矿业遗迹，自然、人文景观介绍，景区和景点的划分，游览路线设计，珍贵的矿物、矿石工艺品和矿产品及其文化内涵等。

图 4.14　开滦国家矿山公园博物馆

（3）矿山文化游

铜锣山矿山公园一些已经关闭的露天采矿场可着力发展矿山文化游，让游人亲身体验矿区的文化、生活、风俗、习惯等。可将露天采坑蓄水，建成人工湖，供游人开展垂钓、划船等水上活动，湖边配以供游人休息、烧烤、野营等户外活动的设施设备。

4.4.4　开展多形式特色旅游宣传

1）加大公众对矿业旅游产业转型升级的再认识

（1）政府管理部门应该成为推进矿业旅游产业转型升级的重要力量

我国矿区实行的是直属上级国资委管理的行政模式，与地方关系较为薄弱，这种“各自为政”发展旅游的现象，很难形成较强的区域旅游竞争力。国家有必要出台相关政策或法规，明确在推进矿业旅游产业转型升级中各方的权责利关系。作为矿区的地方政府，更应该通过地方党政一把手的重视，主动推动相关部门共同参与，形成合力，加快推进矿业旅游的发展。

（2）旅游市场需求的巨大潜力是支撑矿业旅游产业转型升级的有利因素

有些企业将矿业旅游看作本企业的一项业务，而不是一种新业态，对矿业旅游市场需求的认识，停留在一般的观光旅游层次。尽管观光旅游仍然是我国旅游市场，特别是大众旅游市场的重要组成部分，但是，观光旅游已不再是市场的唯一主体。休闲度假旅游、特种旅游、康体旅游、商务旅游等一些特色和中高端旅游产品需求的巨大发展潜力，应该成为支撑相关矿业旅游产业转型升级的有利因素，这意味着矿业旅游产业可以在更深的市场领域以及更大的区域拓展多元化旅游产品的组合方式。

（3）环境保护是实现矿业旅游产业转型升级的重要任务

矿业旅游产业转型升级主要是以满足多元化、多层次、复合型的旅游需求为出发点，通过矿区企业经营方式的创新、特色旅游产品的创造、服务质量的提升、旅游市场化经济的运营等方式，实现矿区社会、文化、经济效益的全面提升，如矿区社区居民生活质量的提升、矿业旅游服务水平的提高、游客满意度的增加，以及旅游经济转型升级作用的增强等，更为重要的是，要实现生态环境保护与旅游业协调发展的目标。

2）矿业旅游可持续发展宣传形式

（1）整合区外旅游产品，主动与企业外常规的旅游市场对接

许多矿业企业并不一定擅长矿业旅游业务，但可以通过主动与外面常规旅游市场合作对接，来加快旅游市场化运作。针对铜锣山矿业旅游，具体考虑如下：与周边其他国家级旅游景点资源的整合，形成矿业旅游产品、客家文化旅游产品、红色胜地旅游产品和绿色生态旅游产品等高品牌的价值链，以增加地区旅游产品的集约性供给，增强旅游吸引力；可鼓励将旅游产品纳入区外旅行社、旅游酒店、旅游景点、旅游专业公司等整体营销网络；将矿业旅游业务从企业生产中剥离出来，由专业旅游公司进行旅游产品研发、定位、设计、经营和宣传，并统一组织和引导旅游客源市场；积极发展区内外旅游住宿、餐饮、娱乐、购物等多种经营业态，以旅游企业产业化来加速推进旅游产品的市场化，推进旅游企业的产业化进程等。

（2）政府及其相关部门要加强引导与支持，优化旅游消费环境

矿业企业与地方政府在前期申报国家级工业旅游示范点都给予高度重视。但在申报成功以后，企业往往不是急于投入建设旅游品牌，地方政府考虑矿业旅游产业转型升级的主体是企业，也常疏于引导和扶持。这在一定程度上使得矿业旅游开发步履艰难。当地政府及其相关部门应该主动成为推进矿业旅游转型升级的重要力量，积极主

动对矿业旅游企业给予创造性引导与支持，加快旅游消费环境的优化。具体考虑如下：政府部门应该加大公共服务和公共产品的投入力度（如景区道路等旅游基础设施建设）；地方党政一把手要重视旅游市场的健康运行，推进政府相关部门对多样化旅游市场秩序实行创新的监管方式；矿业旅游是一种特种旅游方式，政府部门除了考虑统筹发展外，应努力解决与矿业旅游发展有关的一些新问题、新矛盾，以优化旅游需求环境入手来推动矿业旅游的发展。

（3）培养矿业旅游专业服务队伍，提升专业旅游服务水平

对矿业旅游产业转型升级存在的认识误区之一是认为矿业旅游业主要任务应该大力提高科技水平。其实，对矿业旅游转型升级根本目标之一是要增加游客的满意度，核心在于提高旅游服务质量。而旅游服务质量的提高主要取决于旅游从业人员的劳动素质和专项服务技能。目前，铜锣山矿业旅游服务人员较为缺乏，旅游服务素质和技能较低。如何促进旅游服务标准化、专业化、科学化和特色化的结合，精细化和人性化的结合应作为提高矿业旅游服务水平的基本方向。具体考虑如下：培养专业的导游技术人员；采取优惠政策，引进一批中高级矿业旅游经营管理人员和技术骨干；可依托高等院校的教育力量，培养各类旅游管理和服务人员；制订矿业旅游常规培训制度，加强专业旅游导游队伍的素质建设；健全矿业旅游服务管理体制；加大矿业旅游培训力度等，以提升矿业旅游服务专业化水平。

（4）把握市场需求，依托独特旅游产品，打造特色旅游品牌

矿业旅游在本质上是矿业与旅游有机结合的产物，其既要立足于矿业生产的基本规律和要求，也要遵循旅游经济运行的基本规律和市场“动态”变化。如只是将原有形成的单一的商务接待职能转换为旅游服务是远远不够的。特别是在旅游开发初期，更要对旅游市场多样化需求（包括旅游需求和当地休闲需求）进行积极谋划和投入，加大旅游产品的特色性、综合性、层次性、差异性研发与投入，打造特色旅游品牌。如缺乏市场需求信息，草率地推出缺乏竞争力、无特色旅游产品，就很难为企业带来长远有效的旅游创意经济。

第 5 章　玉峰山废弃矿坑群生态修复模式

2007 年，重庆市政府发布的《重庆市“四山”地区开发建设管制规定》总体要求提出保护主城肺叶，恢复生态环境。2010 年，重庆市第三届人大三次会议上提出《关于关闭主城肺叶采石场的建议》被列为重庆十大重要建议之一。按此要求，渝北区按市政府相关要求制订了玉峰山片区非煤矿山关闭实施方案，截至 2012 年年底区内矿山全部关闭。《中共中央国务院关于加快推进生态文明建设的意见》提出了要“开展矿山地质环境恢复和综合治理”的要求以及《中共中央国务院关于进一步加强城市规划建设管理的若干意见》提出“加强城市山体自然风貌的保护，恢复受损山体自然形态”。2020 年，《全国重要生态系统保护和修复重大工程总体规划（2021—2035 年）》印发，指出加强历史遗留矿山的生态修复，重点解决历史遗留露天矿山生态破坏问题。

玉峰山历史遗留及政策性关闭矿山等原因，形成矿山废弃地面积约 2.41 km^2，开采影响区约 12.46 km^2，整体环境影响区约 14.87 km^2，涉及影响人口 2 500 多户、7 000 多人，同时，遗留下安全、生态等系列问题，主要表现在生态环境严重恶化、安全隐患突出和土地利用效率低下等方面。通过生态修复及再利用的方法来改变玉峰山废弃矿坑群及其周边辐射区域的生态环境质量和生活环境质量，以乡村保育为前提、以矿山公园为主线、以健康运动为触媒、以科普教育为核心助力振兴乡村的发展。

玉峰山废弃矿坑群及其周边辐射区域自然资源丰富，有较高的森林覆盖率，是重庆东北区域的生态屏障。从空间功能上看，该区域的基本功能是为重庆主城市民及外来游客提供生态服务、旅游和游憩的开放空间。需充分挖掘玉峰山矿坑群及其周边辐射区域特有的资源，并进行引导性开发。

5.1　规划理念与目标

5.1.1　规划理念

玉峰山废弃矿坑群及其周边辐射区域再利用规划时要坚持生态性原则、经济性原则以及与当地的主导产业发展相结合的原则。时刻谨记开发利用要以保护生态环境为前提，以避免对该区域产生“二次破坏”。建立弹性生长、可持续发展的生态格局，对生态资源因地制宜地进行分类保护。通过“农业 + 旅游”“矿业 + 旅游”和谐共生，后期形成“旅游 +X”的产业融合高地。

5.1.2　规划目标

1）改善生态环境提高生活质量

玉峰山废弃矿坑群及其周边辐射区域的生态环境问题突出，开山采石不仅对自然山体、河流水系、动植物的生存造成很大的危害，对当地村民的身体健康和生命安全也造成了很大的威胁。该区域在改造再利用时要以矿坑群的生态修复为前提，致力于对其生态状况的改善和降低其危害程度，进而对该区域进行开发利用来激活废弃矿坑的价值，变“不利因素”为“有利因素”。不仅可以使损毁的环境得到一定程度的恢复，还可以使脆弱的生态系统环境得到提升。通过植被重建营造绿色防护林，可以防止周边环境退化，提高生态系统多样性和稳定性，改善生态环境质量和局部小气候，这些均对提高矿区居民的生活质量有显著作用。

2）提高土地资源利用率，解决人地矛盾

人们为了获得更多的矿石资源不断地向下挖掘，开采结束后遗留下大量的矿坑。玉峰山废弃矿坑群共有 41 个废弃的矿坑，总面积为 2.41 km^2，占矿山公园面积的 9.98%，其中单个矿坑最小的面积有几百平方米，对周边辐射范围土地资源的影响不可估计。玉峰山废弃矿坑群地处玉峰山矿山公园核心区域，具有较好的区位条件。对

玉峰山废弃矿坑群修复与再利用，不仅能为渝北区的发展提供更多可利用的土地和发展空间，还能提高土地的利用率，可有效缓解人地矛盾。

3）提高区域经济、振兴美丽乡村

玉峰山废弃矿坑群及其辐射区域拥有丰富的自然资源、独特的地形地貌和地质结构，为该区域的改造再利用提供了基础条件。通过对该区域生态修复及再利用目标以打造矿山景观为品牌，以奇景科普体验、活力休闲游乐、生态健康涵养为支撑的“旅游 +X”产业融合高地。通过消解表皮将建筑物与连绵起伏的山水环境融为一体，形成建筑物自己独特的风格。结合巴渝民俗历史打造文旅观光示范园，可在提高区域经济的同时带动乡村经济文化发展，振兴美丽乡村。

5.2　修复与再利用的原则

1）注重安全性原则

采石场的所有者为了降低开采成本获取更多的经济利润，往往会选择最简易粗放的开采方式来挖掘矿石，遗留下大量的矿坑。这样不仅严重地破坏了玉峰山废弃矿坑群区域的生态环境，也留下了很大的安全隐患，如坑壁表面皲裂、凹凸不平、碎石堆积，同时挖掘矿石破坏了地表的完整性和稳定性，还存在潜在的地质灾害等。对玉峰山废弃矿坑群进行再利用设计时，要把安全性原则放在第一位，在能够确保人们安全的条件下展开活动。

2）近自然修复原则

坚持自然修复为主，人工修复为辅，生态优先、绿色发展的原则。重点保护区域内的动植物、水体、地形地貌以及自然与人文景观资源，充分利用区域内原有的地形与植被，就地取材来进行景观创作。对受污染的片区进行治理时，应以生态修复的方法为主，辅以其他工程技术或化学修复方法做好生态污染治理的工作。在此基础上，采用近自然植被恢复为主的生态、环保、健康的方法来完成该区域的改造。

3）尊重场地历史原则

朱建宁教授曾说："每一寸的土地都是属于大地的片段，都是承载着地域文化与历史痕迹的载体。"每一块场地都有属于自己的历史，时间不断地推移，场地也随之不断地发生改变。人们为了城市的发展和进步对山体进行肆意开挖采掘，遗留下大量的废弃矿坑、废石废渣以及旧建（构）筑物和机械设备，满目萧条，诉说着场地的历史。对玉峰山废弃矿坑群的生态修复及再利用时，应该尊重该区域原有的特征，以近自然植被恢复的方式结合矿山遗产在历史、文化、艺术和科学等方面的价值，并充分发挥巴渝文化在历史、山水、民宿和建筑等方面的潜力，创造出属于该区域独特的景观。

4）因地制宜原则

不同的地域有不同的气候特征、地理环境、风俗习惯和历史文化，同时开采方式的不同会导致矿坑呈现出不同的形态特征。对不同的废弃矿坑要因地制宜地采取不同的改造方式，创造出具有地域文化特征与时代特征的景观。玉峰山废弃矿坑群地处重庆主城区东北区域，是主城"四山"之一铜锣山的北段，具有很高的旅游观光价值。在生态修复及再利用过程中充分利用废弃矿坑群的现状，因地制宜地将建筑物与绵延起伏的山水环境融为一体。将废弃矿坑群具有独特地貌景观的废弃矿坑、山林田园、民俗老街、村寨古寺等自然人文资源，打造为集环境教育、地质科普、农业观光和山地度假等功能于一体的都市型生态旅游目的地、兼顾观光和体验的矿山主题公园，树立重庆四山生态修复和文化重建的典范。

5）以人为本原则

以人为本主张人是发展的根本目的，回答了"为什么发展、发展为了谁"的问题。对玉峰山废弃矿坑群再利用时，要对矿坑的权属关系调查清楚并妥善处理，同时征询村民对该区域的改造意见，尽量满足他们的诉求。加强公众的参与度，建立公众参与的机制，只有这样才能调动社会各界人士的积极性。在规划设计阶段应充分征询当地政府、村民的意见和诉求，保证矿坑群的再利用能最大限度地体现社会的整体利益。在整治管理中，应建立社会公众的监督机制，充分发挥群众的督促作用。同时，加强宣传工作，通过电视节目、网络等进行宣传和报道，或免费发放宣传册，使人们在充分获取信息的同时，提升玉峰山废弃矿坑群改造项目的知名度，激发群众参与的兴趣。

5.3 生态修复模式

玉峰山废弃矿坑群的生态修复工作是矿区土地资源开发利用的首要条件，废弃矿坑的生态修复通过改善土壤状况和生态环境、完善城市绿色基础设施促进地区的经济转型。对已有的生态修复模式进行总结并分析其优劣势（表 5.1），并对玉峰山废弃矿坑群的现状选择最适合的生态修复模式。

渝北区废弃矿坑群生态修复工作以“坚持经济效益、社会效益和生态效益相结合”的原则，以恢复和保护矿业遗迹为主要目的，严格控制人造景点的类型与规模，将更多空间作为生态修复用地。在活动设置方面，不再采取将菜单式娱乐活动填入场地的传统方式，而是以“培育野生”的思路，将人工干预程度降到最低，最大限度地通过自然恢复的力量去实现生态修复。生态修复工作立足于矿坑群现有的自然生态环境现状，主要农业生产停滞不前、地下水缺失和地陷、水土流失、原有景观损毁、植被遭受破坏、生物多样性遭到严重破坏以及新生地貌的出现等问题展开 3 个方面的生态修复工作，即矿山地形地貌的生态修复、矿山土壤系统的生态修复以及矿山生物植被的生态修复。

玉峰山废弃矿坑群主要为石灰石矿的开采，其生态修复主要表现在矿山的地质结构、开采方式、开采工艺流程以及对生态环境的破坏等方面。玉峰山废弃矿坑群的生态修复还应该根据实际的地形地貌、土壤系统条件和生物植被的特点进行生态修复分区治理。生态修复分区的选择要考虑位置、大小、地形地貌、生态条件、限建要素、投资规模、景观现状、产权所属等限制性要素。由此将公园划分为开采区、剥蚀区、生产办公区、居住建设区、纯自然恢复区、人为利用区、生态保护区。强化各区修复重点，统筹修复时序，协调各修复区之间的进度、投放资金的比例等，有条不紊地逐步推进。

重庆玉峰山废弃矿坑群的生态修复打破了传统的单一复绿的恢复方式，大胆地运用新的理念进行探索，对矿坑的创意性进行开发利用，传承工业传统，诠释新的生态和美学理念。尊重生态系统的循环过程，强调场地的改善和恢复，对工业构筑物和废料采取保留和利用的可持续手段。一方面传承了历史上辉煌的工业文明；另一方面将

矿业遗迹的改造融入现代生活之中。可以利用矿山废弃地周边地区的生态优势和用地优势，通过协调生态、景观和经济的统一发展，延伸城市功能，带动周边经济发展，完善当地产业格局，打造新兴的城市功能板块，带动周边地区发展。

表 5.1　生态修复模式探讨

生态修复模式		适用范围	优点	缺点	备注
生态复绿模式	单一复绿模式	适用于可视范围内的、场地面积较小的且边坡稳定的矿山废弃地	技术简单，投入较少且成效较快	生态修复效益比较单一	可适用于废弃矿坑群 41 个矿坑及周边损毁土地
生态复绿模式	农林渔牧复垦	适用于一些生态破坏较轻微，环境污染较小的区域进行复垦，改造之后可进行农业、林业、渔业、牧业等综合利用	采用生态优先，宜农则农、宜林则林、宜渔则渔、宜牧则牧的原则，投入较少，成效较快	生态修复后再利用模式不够灵活，比较单一	可适用于深湖型矿坑编号 CK5、CK6、CK7、CK8
景观再造模式	城市开放空间	有给市民提供休闲的城市户外公共空闲空间潜力和市场的废弃矿山	在矿山景观再造修复过程中提供生态效益的同时提供经济效益	前期投入较大，周期较长	编号 CK1–4 和编号 CK6–8 的有水矿坑和编号 CK30–32 矿业遗迹
	矿业遗迹旅游地	适用范围较广	矿山历史文化的传承与延续，带动区域发展	前期投入较大，周期较长	41 个矿坑
	博物馆	适用于污染较小且具有较多废弃矿业遗存元素的矿山废弃地	矿山地质文化延续与教育科普	前期投入较大，周期较长	编号 CK10，可结合矿坑的实际情况，规划设计打造矿山公园博物馆
建筑用地模式		城镇周围露天开采的、比较平整的且坡度较平缓的废弃矿山	投入较少，经济效益比较明显	生态效益方面相对较弱	可适用于较为平坦的矿业遗址区
综合利用模式		位于重要城镇周边	改善生态环境质量	前期投入较大，周期较长	41 个矿坑

5.3.1 生态复绿模式

1）单一复绿模式

单一复绿模式主要适用于重要交通干线两侧可视范围内的、场地面积较小的且边坡稳定的矿山废弃地。此类矿山废弃地一般通过建立生态环境保护区，运用生态复绿和修复山体疮疤等方法，利用现行比较成熟的植被恢复手段，对破损的山体进行修复，愈合采矿遗留的伤疤，使矿区的生态环境逐步得到恢复（图 5.1）。玉峰山废弃矿坑群及其周边辐射区域均可采用单一复绿模式，以最简便的方法使废弃矿山生态系统初步恢复，为后期再利用设计规划提供良好的条件。

（a）修复前

（b）修复后

图 5.1　单一复绿模式对比图

2）农林渔牧复垦

农林渔业复垦是指依据宜农则农、宜林则林、宜渔则渔、宜牧则牧的原则，在一些生态破坏较轻微，环境污染较小的区域进行复垦，改造之后可进行农业、林业、渔业、牧业等综合利用（图 5.2）。河南的永城煤矿废弃地就是将深层塌陷区域进行复垦用于水产养殖，将浅层塌陷区域进行复垦用于种植，使有限的土地资源得到可持续利用。玉峰山废弃矿坑群编号 CK13/14 可以根据宜农则农的原则打造成矿坑植物园，CK15/16 可以根据宜林则林的原则打造成温室花园，以及打造天坪千亩果乡四季水果基地等。

（1）农业用地模式

中投顾问发布的《2017—2021 年中国矿山生态修复行业深度调研及投资前景预测报告》指出，对砖瓦用黏土、泥岩、石灰石矿等废弃矿山，位置偏僻的废弃矿山的生

活和办公场地，可以与土地平整相结合，将其整理成为耕地。农业用地模式一般适用于平原地区。矿区开采之前，周围都是农田，开采后土地破坏不严重、土壤养分足、重金属污染少、地下水资源丰富的区域，只需经过简单的生态修复就能够恢复土地的耕种能力（图5.3）。复垦后的土地，可利用现代农业设施生产质优的农产品，建成以当地优势农作物为主，兼顾土特产种植和加工一体化的商品粮生产基地。

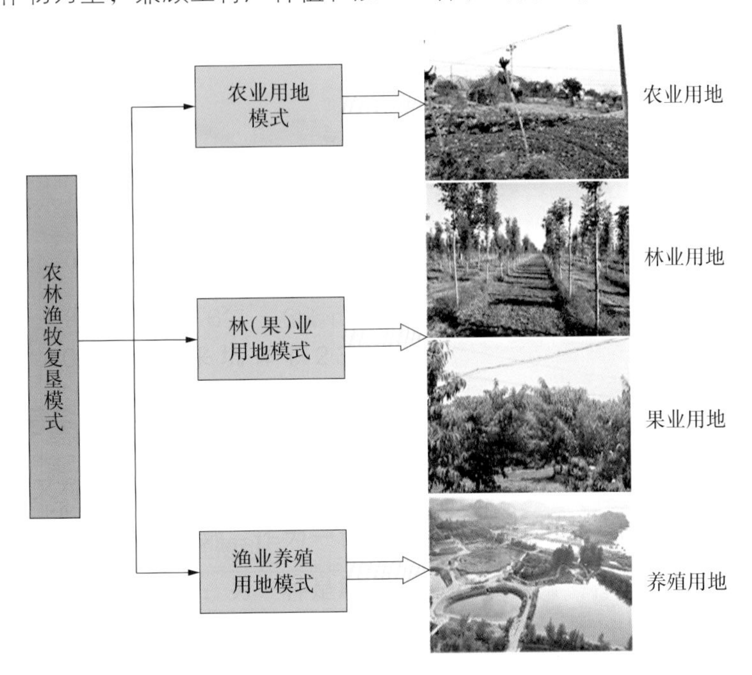

图5.2　农林渔牧复垦模式图

图5.3　农业用地示例图

（2）林（果）业用地模式

使用相关生态工程技术方法，对废矿场、尾矿库进行生态修复，发展生态林果产业（图5.4）。在施工过程中使用人工镐刨，可以改变土壤团粒的结构，提高土地生产力，避免用爆破方式造成石块松动从而形成裂缝而引发漏水或滑坡。修复完成的矿区可栽种苹果、桃、板栗等，并栽种有关的树种护坡。在果树获得收益前，靠农作物增加收入，以短养长，在获得生态效益的同时，也获得经济效益。当果树开始获得收益后，树下空闲的土地可以种植绿肥作物，既可以固定吸收空气中的氮元素，提高土壤中氮素含有量，又可以收割后在果树下作为生物肥，提高土壤肥力，还可以收割后喂牲畜。果树进入盛果期后，一般情况下树下不种植作物。

（a）林业用地

（b）果业用地

图 5.4　林（果）业用地示例图

（3）渔业养殖用地模式

玉峰山废弃矿坑群共有 41 个废弃矿坑，这些废弃的矿坑大多常年处于积水状态，且水质较好，湖水幽蓝，有“重庆小九寨”的美誉，相关摄影作品已登上《中国国家地理》。在这些积水矿坑中有的被原来采石场的所有者承包投掷了鱼苗，但由于是个人自行承包，缺乏技术指导与资金投入，因此不成规模和体系。未来可以此为基础，将该区域内的沟渠和这些废弃的矿坑变为蓄水池或者养鱼池，发展渔业养殖。

虽然玉峰山废弃矿坑群大部分的矿坑都有积水，但不是所有的矿坑都能用来养殖鱼类，如果水质较为浑浊且坑壁的稳定性较差，一般不用于渔业养殖。一些没有积水但规模较大的石质坑壁的矿坑，可以考虑注水进行渔业养殖来形成规模。渔业养殖对水的质量有较高的要求，首先，要对矿坑内的积水进行处理，达标后才能进行养殖；其次，要对坑壁进行加固处理，以确保养殖环境的安全性；再次，要对矿坑的坑底进行防渗透处理；最后，这些废弃的矿坑虽然常年都处于积水状态，但是积水主要来自天然降水，作为渔业养殖要确保有充足的水源，可考虑向下挖掘地下水或者利用附近的河流水系、水库作为补给水源（图 5.5）。

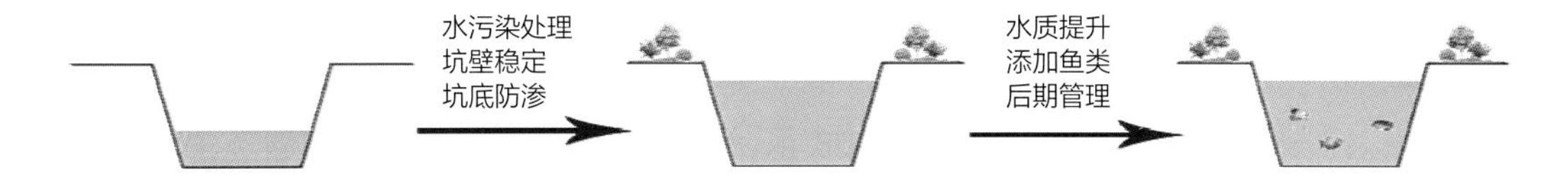

图 5.5　矿坑改造为鱼塘的示意图

玉峰山废弃矿坑群的积水矿坑中有些已经被原来采石场的所有者承包投掷了鱼苗，常有村民以及周边的人来此垂钓。在对玉峰山废弃矿坑群进行渔业养殖的同时，可以考虑将部分条件较好的矿坑改造成垂钓园，还可以适当地增加一些观赏鱼类，吸引更多的人来此垂钓、参观，打造不一样的渔业养殖（图 5.6）。通过对玉峰山废弃矿坑群进行渔业养殖，既能解决矿坑废弃闲置的问题，又能为该区域的村民带来额外的经济收入。

图 5.6　渔业养殖示例图

5.3.2　景观再造模式

景观再造模式主要适用于临近城区或者风景区，人流量较大，有造景需求的矿山废弃地。这种模式是在原有景观的基础上，挖掘新的旅游资源，进行合理的景观规划设计，使自然资源与历史文化资源优势转变为经济优势，在创造生态效益的同时收获经济效益。根据矿山废弃地改造后场地主体功能的不同可以将景观再造模式大致分为城市开放空间、矿业遗迹旅游地、博物馆等类型。

1）城市开放空间

城市开放空间主要指供市民休闲的城市户外公共空间，包括各类主题公园、矿山公园、自然山水园林、绿地等。目前国内外在城市开放空间的应用已有相关成熟的案例。

上海辰山植物园的矿坑花园（图 5.7）原址属百年人工采矿遗迹，根据矿坑围护避险、生态修复要求，结合中国古代“桃花源”隐逸思想，利用现有的山水条件，设计瀑布、天堑、栈道、水帘洞等与自然地形密切结合的内容，深化人对自然的体悟。利用现状山体的褶皱，深度刻化，使其具有中国山水画的形态和意境。矿坑花园突出修复式花园主题，是亚洲最大的矿坑花园。

图 5.7　上海辰山植物园的矿坑花园（图片来源于网络）

上海世茂深坑酒店作为全球首个建在废石坑里的酒店（图 5.8），位于上海松江国家风景区佘山脚下，是一座深达 80 m 的废弃大坑，该深坑原系采石场，经过几十年的采石，形成一个周长千米、深百米的深坑。世茂集团充分利用深坑的自然环境，极富想象力地建造了一座五星级酒店，整个酒店与深坑融为一体，相得益彰。这是人类建筑史上的奇迹，也是自然、人文、历史的集大成者。

图 5.8　上海世茂深坑酒店（图片来源于网络）

河南辉县市“五龙山响水河乡村旅游度假区”按照“荒山治理 + 旅游开发”的模式，通过治理废矿山，建成了集水上乐园、酒店住宿、研学教育于一体的综合主题乐园，建立城市开放空间的模式形成“废弃矿山改造旅游项目—项目盈利同时解决就业脱贫—再次投资改造荒山”的良性循环，发展独特的五龙山绿色产业链（图 5.9）。辉县市通过改革创新，在山水上做文章，让贫困地区的土地、劳动力、资产、自然风光等要素活起来；把乡村旅游当火车头，拉动一、二、三产业联动，融合农业、科教、养殖发展模式不断涌现；有机整合全域资源，区域发展活力和动力不断增强，为乡村地区历史遗留矿山生态修复，找到一条政府鼓励社会资本带动人民共同努力，促进生态修复和发展经济相得益彰的脱贫致富之路。

图 5.9　五龙山响水河乡村旅游度假区（图片来源于网络）

唐山南湖城市中央生态公园改造前是经过开滦 130 多年开采形成的采煤沉降区，是全市采沉区中对城市影响最大的一个（图 5.10）。经过几十年的沉降，塌陷区平均高度较市区低约 20 m。自 1996 年起，唐山开始实施南部采沉区生态环境治理工作，形成了南湖公园。通过对现状湖面进行清污，抽干湖水，清除垃圾，形成一片大的水面。大片沉降区的地表土壤及植物层被清除，掘出的肥沃土壤转移到粉煤灰场和垃圾山，使在原有不毛之地上生长植物成为可能。修复后的田园小网格、边缘公园、绿地草场、芦苇地等组成的生态网络，从生态和美学角度考虑，使城市与绿地相互渗透，并界定了从开敞的水面到陆地的边界，发挥其生态效应，使采煤塌陷区形成了特色景观。

图 5.10　唐山南湖城市中央生态公园（图片来源于网络）

日本国营明石海峡公园原来是一处大型采石采砂场，从 20 世纪 50 年代到 20 世纪 90 年代中期，这里为修建关西空港以及大阪与神户城市沿海的人工岛提供了 1 060 000 000 000 m^3 的砂石，挖掘深度达 100 m 以上，构成范围达 140 km^2 左右的裸露山体（图 5.11）。其修复主题是“使园区得到生命的回归”。设计师通过“大地艺术”和“水景”手法，在生态恢复的基础之上寻求人与人的交流以及人与自然对话的场所。

图 5.11　日本国营明石海峡公园（图片来源于网络）

英国伊甸园建立在当地人采掘陶土遗留下的巨坑，位于英国康沃尔郡，在英格兰东南部伸入海中的一个半岛尖角上，总面积达 15 hm^2（图 5.12）。它是围绕植物文化打造并融合高科技手段建设而成的、“人与植物共生共融”为主题的、以“植物是人类必不可少的朋友”为建造理念，具有极高科研、产业和旅游价值的植物景观性主题公

园。它由 8 个充满未来主义色彩的巨大蜂巢式穹顶建筑构成，其中每 4 座穹顶状建筑连成一组，分别构成“潮湿热带馆”和“温暖气候馆”，两馆中间形成露天花园“凉爽气候馆”。伊甸园的穹顶由轻型材料制成，这种材料不仅质量轻，而且有自我清洁的能力，还可以回收利用。

图 5.12　英国伊甸园（图片来源于网络）

2）矿业遗迹旅游地

矿业废弃地经过艺术手法处理并赋予全新的功能定位后，能形成全新的后工业景观旅游地，加上对矿坑等遗址景观环境的再造，使其与周边的自然风光衔接起来组成全新的矿产旅游景区，打造出极富吸引力的主题旅游资源，进一步带动资源枯竭型城市的经济发展。建设矿山主题公园是景观开发利用的主要形式，主要展示矿业遗迹景观，体现矿业发展过程中的内涵。2004 年，国土资源部启动了国家矿山公园建设项目。这一项目的启动有效地保护和科学地利用了矿业资源，弘扬矿业文化，加强环境保护治理，促进矿山经济转型，推动矿山经济的可持续发展。这种以旧矿区为打造核心的旅游项目在国内外都有很多成功的先例。

湖北黄石国家矿山公园位于湖北省黄石市铁山区古矿冶遗址旁的露天采坑落差 444 m 的人工峡谷境内，“矿冶大峡谷”为黄石国家矿山公园核心景观，形如一只硕大的倒葫芦，东西长 2 200 m，南北宽 550 m，最大落差 444 m，坑口面积达 1 080 000 m^2，被誉为“亚洲第一天坑”（图 5.13）。通过生态恢复的景观设计手法来恢复矿山自然生态和人文生态。将矿区的“十大亮点”与公园建设“无缝对接”，把公园开发建设的着眼点放在弘扬矿冶文化，再现矿冶文明，展示人文特色，提升矿山品位，打开旅游新思路。

图 5.13　湖北黄石国家矿山公园（图片来源于网络）

阜新海州露天矿国家矿山公园位于辽宁阜新市，有长 4 km、宽 2 km、垂深 350 m、海拔 -175 m 的世界上最大人工废弃矿坑（图 5.14）。公园总占地 28 km^2，分为世界工业遗产核心区、蒸汽机车博物馆和观光线、国际矿山旅游特区和国家矿山体育公园四大板块上百个景点，是在露天采矿遗址上建设的世界工业遗产旅游项目，是集旅游、考察、科普于一体的工业遗产旅游资源，也是全国第一个资源枯竭型城市转型试点的新亮点。

图 5.14　阜新海州露天矿国家矿山公园（图片来源于网络）

法国 Biville 采石场位于 Clairefontaine 峡谷顶部，1989 年被关停。采石场因为采石形成了一道 450 m 长、宽度均匀的直线型裂缝，呈 45°的边坡贫瘠而凹凸不平的采石坑，并且海拔落差范围为 20 ~ 40 m（图 5.15）。在生态修复过程中将采石过程中遗留下来的痕迹作为特征保留下来，然后引入一些植被使废弃采石场恢复到一种自然状态，

其中主要的改造措施包括设计了一系列引导水流的设施和设备，使其汇聚到谷底形成湖泊，形成了一个集文化历史与休闲旅游于一体的矿山公园。

图 5.15　法国 Biville 采石场（图片来源于网络）

3）博物馆

博物馆适用于污染较小且具有较多废弃矿业遗存元素的矿山废弃地。博物馆分室内与露天博物馆两种，这两种类型只是建筑空间形式上的不同，都体现了矿业遗产的两大价值：历史纪念和学习教育价值。

河北开滦国家矿山公园兴建于 2005 年 8 月，总规划占地面积近 700 000 m^2，园区内建有博物馆和分展馆（图 5.16），内容涵盖煤炭的生成与由来、古代采煤史拾萃、开滦煤田地质构造及赋存、煤炭开采流程及煤炭开采史、电的使用、电学知识与电力发展史、蒸汽机车史和中国铁路运输史、井下探秘游、采煤塌陷知识等。其中开滦博物馆展陈主题为“黑色长河”，展陈面积 3 000 m^2，展线长 600 m，以翔实的史料、丰富的展品、新颖的展陈形式，阐述了煤的生成与由来，以及悠久的古代采煤史，记载了开滦首开中国路矿之源的历史遗踪，重现了因煤而兴的唐山难以抹去的城市文化记忆。

图 5.16　开滦国家矿山公园（图片来源于网络）

通过国内外景观再造模式的探讨，玉峰山矿坑群的生态修复可以参考借鉴景观

再造模式展开工作，分别将矿坑编号 CK1 打造成一个矿坑湿地，CK2 打造成一个 360°的观景环道，CK3 打造成青少年探险乐园，CK8 打造成翡翠湖景点，CK11/12 打造成花仙子动漫儿童乐园，CK13/14 打造成矿坑植物园，CK15/16 打造成温室花园，CK17/18/19 打造成岩生花卉园，CK22/23/24 打造成矿坑创意雕塑园，CK30/31/32 打造成矿山文化公园，矿坑 33/34/35 打造成矿坑极限运动公园等。

5.3.3 建筑用地模式

在城镇周围露天开采的、比较平整的且坡度较平缓的废弃矿山，能够与土地的开发利用相结合，可以将其开发成商业住房用地、工业园区用地等建设用地。唐山市开滦矿区生态修复采用建筑用地模式，项目实施后，处理、掩盖了 600 000 m^3 的矸石，复垦采煤塌陷地 17.7 hm^2，明显改善了当地的生态环境，为当地创造了很大的社会效益。玉峰山废弃矿坑群通过生态修复为建筑用地，将可利用的建筑用地出租便使土地资源转变成经济资源模式。

5.3.4 综合利用模式

综合利用模式适用于位于重要城镇周边，且对周边生态环境有重大影响的，矿区面积较大、具有开发利用价值的矿山。中投顾问发布的《2017—2021 年中国矿山生态修复行业深度调研及投资前景预测报告》表示，此类矿山废弃地，可以利用矿山废弃地周边地区的生态优势和用地优势，通过延伸城市功能，进行综合整治，打造新兴的城市功能板块，带动周边地区发展。例如，苏州旺山利用开山采石留下的 10 个废弃矿坑，通过一系列生态修复和景观重塑设计，将废弃矿坑区成功打造成生态绿洲，被誉为“苏州最美山村”（图 5.17）。

图 5.17　苏州最美山村（图片来源于网络）

生态修复方式根据策略的不同可以分为自然恢复、景观再造、地质灾害整治、地质文化遗迹保留、台阶式修复、人工植被、废物资源利用、应景改造和土地复垦开发。不同的生态修复策略的适用条件、修复利用方式、修复技术措施等详见表 5.2。

玉峰山废弃矿坑群的生态修复模式可以借鉴国内外的一些经典案例，通过综合利用模式结合玉峰山废弃矿坑群的自身优势，参照表 5.2，采用因地制宜的原则，以生态优先、绿色发展为原则展开玉峰山废弃矿坑群的生态修复工作

表 5.2　玉峰山废弃矿坑群生态修复策略和措施

修复策略	适用条件	修复利用方式	修复技术措施	投入	效益	周期
自然恢复	人类活动稀少区域	林地、草地	封禁、避让、飞播	很小	很小	很长
景观再造	临近城区、风景名胜区、道路两侧	公园、旅游休闲地	工程措施或工艺雕刻等	较大	较大	较短
地质灾害整治	滑坡、塌陷、泥石流等地质灾害严重区	人造景观区、灌草地、水田、池塘	削坡、充填、平整、警示牌、挡石墙等工程方法	很大	较大	较短
地质文化遗迹保留	矿业中心、地质遗迹景观区、古采矿遗迹和矿业文化遗迹区	矿业文化展示园、地质博物馆、矿山公园	工程措施、植被绿化	很大	很大	较长
台阶式修复	开采平台、剥蚀区尾矿废渣堆积区	生态环境保护地、山地运动区	护坡、客土喷播	很大	较大	较短
人工植被	交通干线两侧、城市规划区、风景区	果园、园地、林地、绿地	生态带、挂网喷播、绿化、种植经济林	较大	很大	较短
废物资源利用	尾矿地、废渣、废石堆	生态农业、林业	尾矿再选、尾砂改良土壤	较大	较大	较短
应景改造	裸岩、裸坡、大型裸露山体	商业广告、人文景区	艺术设计、垂直绿化	很大	较大	较长
土地复垦开发	浅山区、矿业废弃地	工业用地、基本农田、林地	平整充填、土壤物理性质改良	很大	很大	较长

5.4 再利用的规划思路

随着矿业废弃地的相关理论与技术越来越完善和进步，废弃矿坑再利用的设计方案也越来越多。玉峰山废弃矿坑群的再利用方案该根据实际情况，采取合适的设计方法。废弃矿坑的再利用主要从 4 个方面展开讨论，即场地地形及表面痕迹的处理、空间环境的营造、旧建（构）筑物及机械设施的再利用、场所精神和地域文化的延续。

5.4.1 场地地形及表面痕迹的处理

玉峰山废弃矿坑群区域在开山采石的活动过程中留下了斑斑痕迹，对玉峰山废弃矿坑群改造再利用时，应该尊重该区域的场地特征，不掩盖或消灭这些地表痕迹，可以采用保留、艺术加工等处理方式，将该区域独特的地表痕迹保留下来（胡娉婷，2011）。

玉峰山废弃矿坑群是由 41 个废弃矿坑组成，主要的地貌特征就是一个一个的采石坑。以尊重场地的特征为前提，运用工程技术措施和美学观念来改造废弃矿坑，创造出具有玉峰山废弃矿坑群区域独有特质的景观。场地地形及表面痕迹的处理主要包括采石坑、坑壁、废石堆以及坑内积水等的处理，具体的思路框架如图 5.18 所示。

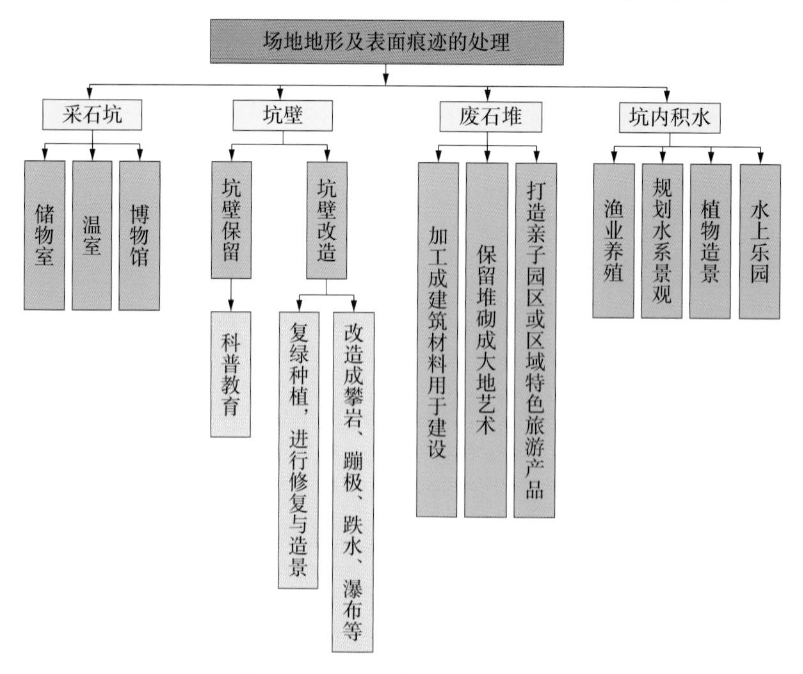

图 5.18　再利用推进思路框架图

1）采石坑

玉峰山废弃矿坑群的 41 个废弃矿坑在面域上占据很大的面积，在空间上占据很大的容量，具有较强的震撼力和视觉效果。可将其中面积大深度广的废弃矿坑，改造成储物室、温室、档案馆、博物馆等，还可通过对其进行景观改造来发展旅游业，或者对其整理复垦作为农业用地。矿坑的再利用还有很多其他的设计方法，可使废弃矿坑这一原本废弃闲置的土地重获新生和价值。例如，13 号矿坑和 24 号矿坑可以充分利用场地地形特征通过对其表面痕迹的处理规划成矿坑博物馆和矿坑温室生态图（图 5.19、图 5.20）。

（a）13 号矿坑现状图

（b）13 号矿坑博物馆规划图

图 5.19　13 号矿坑现状与规划对比图

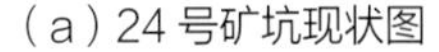

（a）24 号矿坑现状图

（b）24 号矿坑温室生态园规划图

图 5.20　24 号矿坑现状与规划对比图

摩尔多瓦共和国首都基希乌南按照因地制宜的原则，在距离市区 20 km 处的山丘打造了世界闻名的地下酒庄“米列什蒂米齐”，这是一个将采石坑用作储藏室和发展旅游产业非常成功的案例。200 年前，这里是摩尔多瓦的石灰石采石场，在矿石开采结束后遗留下大量的采石坑，这些采石坑里的湿度和温度非常适宜储藏酒类，便被改造成了酒窖。2002 年，当地政府又将其开辟成旅游景点，深受广大游客欢迎（图 5.21）。

图 5.21　米列什蒂米齐酒庄（图片来源于网络）

2）坑壁

坑壁的处理一直是废弃矿坑再利用的大难题。玉峰山废弃矿坑群的坑壁多为垂直的石质坑壁，部分为土质坑壁或者是土石混杂的坑壁，高度为 20 ~ 100 m 不等，且大多数的坑壁高度在 40 m 左右。坑壁上附着生长的植被较少，还有多处裂隙、断壁，或者是突出的岩体，存在一定的安全隐患。

玉峰山废弃矿坑群坑壁的实际情况可采取两种处理方法：一是对地质结构较好的坑壁保留，起到科普教育的目的，但要确保坑壁的稳定性；二是对坑壁改造，这里又可分为两种情况，第一种是对坑壁覆绿种植，通过植物来对坑壁进行修复与造景（图 5.22），第二种是根据坑壁独有的地质条件和特征，将其改造为攀岩、蹦极等探险区，或者是将其改造成跌水、瀑布等景观，还可将其作为雕刻处，展示石雕文化以及壁画（图 5.23）。

（a）石雕文化

（b）瀑布景观

图 5.22　坑壁改造石雕文化以及瀑布等景观示意图

（a）探险区规划图

（b）攀岩规划图

图 5.23　坑壁规划设计

3）废石堆

玉峰山废弃矿坑群的 41 个废弃矿坑内堆置了矿石开采结束后遗留的碎石，这些废弃的碎石堆可以有很多的再利用方法：一是将这些废石经过重新加工变成可用的建筑材料用于生产建设。二是将碎石堆保留不动，利用艺术改造的手段将废石堆以大地艺术品的形式呈现出来供观光旅游。例如，艺术家迈克尔海在伊利诺伊州一个污染严重的采石废弃地上用废石堆、废石渣抽象造型成 5 种动物，分别用鱼、海龟、蛇、青蛙、水蜘蛛取名，并将这组作品命名为“肖像墓冢雕”（图 5.24）。三是利用这些废石来铺设园路，或者是在积水面积较大的矿坑中利用这些废弃的碎石堆成小岛，再通过景桥或游船相连。四是针对该区域典型的地质特征以及“石文化”，考虑以石为主题打造“缤纷世界”的涂鸦活动。游客可以根据自己的喜好来选择不同类型的石头，将其加工成不同的形状后选取喜欢的色彩进行涂鸦（图 5.25）。该活动可以以亲子活动为主，不仅有利于孩子身心健康，而且寓教于乐，寓知识于游戏中，有利于激发孩子的内在潜能，开发孩子的智力，还有利于孩子对色彩的认识。这不仅是一个活动，也是在打造具有区域特色的旅游产品，以最少的投资创造最大的经济效益。

图 5.24　大地艺术设计水蜘蛛规划图

图 5.25　涂鸦活动示意图

4）有水矿坑

玉峰山废弃矿坑群的 41 个废弃矿坑中有接近 1/2 的矿坑是有水矿坑（图 5.26）。水的加入给玉峰山废弃矿坑群带来了有别于其他废弃采石坑的处理方法。坑内积水的处理方式总结为以下 3 个方面：①可以用于渔业养殖，玉峰山废弃矿坑群的部分积水坑已经被采石场的所有者投掷了鱼苗，可以此为基础改造成池塘来发展渔业养殖，或者是将部分鱼塘改造成垂钓园。②利用附近的河湖、水库注水或者是开挖地下水进一步形成水系景观（王存存，2008）。通过有水矿坑观景点，打造矿坑隧道和地下水质馆、峡谷隧道等。③可以种植挺水植物，如香蒲、芦苇、荷花等，再适量配置一些浮水植物，如王莲、睡莲、浮叶慈姑等，通过植物造景不仅能美化环境，还能改善水生态系统。

（a）有水矿坑峡谷

（b）有水矿坑

图 5.26　有水矿坑实拍图

积水面积较大的积水坑可以规划打造水上乐园（图 5.27），并提供相应的游乐设施、休憩设施和亲水平台，游客可泛舟湖上，可亲水近水玩水，还可静坐欣赏大自然的美景。对玉峰山废弃矿坑群的坑内积水进行景观设计，营造地域性的水体景观。

（a）水上乐园规划图 1

（b）水上乐园规划图 2

图 5.27　有水矿坑规划水上乐园规划图

5.4.2　空间环境的营造

空间环境的营造主要是将景观及其周边的环境作为一个整体规划设计，景观的营造就是有效重建被破坏的景观，挖掘和营建新的景观，再进行合理的设计。景观的营造包括两个方面：自然景观的营造和人文景观的营造。通过矿山地质景观和巴渝文化的结合实现自然景观和人文景观的计划。

玉峰山废弃矿坑群自然景观的营造要从矿山地质本身的景观和借助植物造景的方式来实现。矿山地质本身的景观可以从矿山历史、矿山科学和矿山美学 3 个方面来体现。玉峰山废弃矿坑群是我国典型的灰岩矿山遗址，它记录了从矿山缘起至兴盛时期再至矿山关闭的整个过程，是我国现代化的发展历程的见证者（图 5.28）。废弃矿山的科普价值主要体现在它典型的地形地貌特征；矿山的美学价值主要体现在矿坑群遗迹、生产工具遗迹以及工业建筑遗迹等。

借助植物造景，可以通过区域内原有的自然植被来创造多样的景观，还可以通过种植一些特殊的植被类型，如色叶植物、芳香植物、岩石类植物、观赏草等，不但能快速适应和改善环境，还能利用其形态和色彩来美化环境，如紫荆、丁香、桂花等。同时要注意冬季地域性特色景观的营造，在种植植物时，尽量选用能适应不同季节的植物，以免在冬季的时候由于缺乏植被而很难见到绿色。在采石废弃地的景观中，存在着大量的硬质景观，而植物作为有生命力的景观元素，在硬质景观的细部修复上，能够起到比较好的柔化作用（陈晨，2012）。对玉峰山废弃矿坑群进行景观改造时，保护该区域内的野生植物，可以创造出不同于常规园林的景观特征（盛卉，2009）。

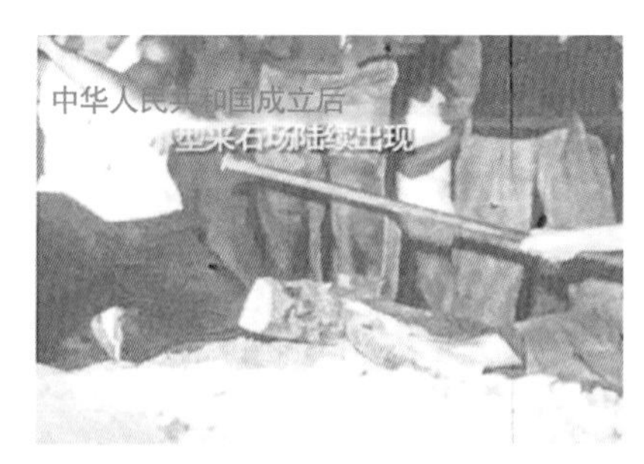

图 5.28　废弃矿坑群自然景观营造（图片来源于网络）

人文景观的营造主要是通过添加如亭子、小品、廊道、花架、雕塑等景观要素来呈现。玉峰山冬季气温较低，可生长植物较少，对景观色彩的影响很大，可适当使用一些亮颜色、暖色调的景观要素，这样既能增添景观色彩，又能为人们在寒冷的冬天里带来一丝温暖。保留玉峰山的巴渝山水文化、民俗文化、历史文化和建筑文化，充分结合矿山文化和巴渝文化，打造地质矿山公园、矿坑酒店和巴渝民宿等（图 5.29）。

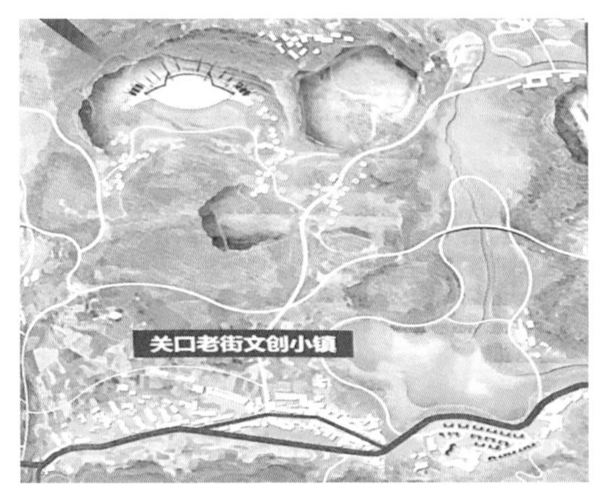

（a）关口老街文创小镇规划图　　（b）悬崖酒店规划图

图 5.29　废弃矿坑群人文景观营造

在进行空间环境的营造时要注意“人性化”的关怀设计，路面尽量选择表面粗糙、防滑、易清扫、易后期维护的铺装材料。考虑人们在冬季对光照的需求，合理设定景观的角度与距离。重视景观的季节可用性，使一些休闲设施不仅夏季能用冬季也能用，应尽量采用塑料、木质或其他导热系数小的复合材料，减轻寒冷带给人的不适。注意

防风处理，可利用建筑、小品、景墙等景观元素，适当组合来围合空间。还可在冬季盛行风的方向，种植高低错落的植被来抵御寒风的侵袭，在相对方向种植下层开敞的乔木以利夏季通风，增加人们在户外的游玩时间。

例如，加拿大布查特花园的改造，花园的原址地是一个水泥厂。1904 年，布查特夫人在房前屋后撒了一些玫瑰花以及豌豆的种子，结果这些种子生根、发芽并开出了漂亮的花。于是，布查特夫妇从世界各地收集优良的植物品种，开始了布查特花园的建设。

布查特花园占地 12 hm^2，分 4 个大区。其中最著名的就是沉床花园，它由一个深 15 m 的石灰石采石坑改造而来。沉床花园保留了采石坑的原有地形条件，在此基础上进行设计。为了确保植物的成活率，从其他地方运来肥沃的土壤覆盖坑底，来解决土壤贫瘠的问题。坑壁上通过种植植物，来遮挡裸露的岩石，坑中残留的石灰岩散落在草坪上，用作植物种植的基床，布置自然式种植的花境，并精心设计了四季季相的植物搭配（图 5.30）。花园的中心有一块突出岩石，在这块岩石上布置了瞭望台，可以鸟瞰坑中景色。加拿大布查特花园充分利用原有地形和景观再造原理将市郊石灰石采石场打造为多层次的不同风格的花园景观，是生态恢复和景观再造的典型模式。

图 5.30　布查特花园沉床园景观图

5.4.3　旧建（构）筑物及机械设施的再利用

玉峰山废弃矿坑群在矿石开采结束后遗留下大量的旧建筑物、构筑物和机械设施。如果将它们全部拆除并运走，需要花费大量的人力、物力及财力。这些旧建筑物、构

筑物及机械设施可通过富有创意的设计，将其改造成休闲娱乐设施或者是城市的标志物，重新焕发新的活力（袁哲路，2013）。对旧建（构）筑物及机械设施的再利用主要分为旧建（构）筑物的利用和机械设施的利用两个方面，主要的利用方式见表 5.3。

表 5.3　旧建（构）筑物及机械设施的再利用

	类别	再利用方式	典型范例
旧建（构）筑物及机械设施的再利用	旧建（构）筑物的利用	功能置换	湖北黄石国家矿山公园
		空间重构	奥伯豪森的煤气罐（Gasometer）博物馆
		变化造型	鲁尔工业区
	机械设施的利用	设施进行原样保留	湖北黄石国家矿山公园
		设施进行改造	美国西雅图煤气厂公园
		新旧结构相结合	鲁尔工业区

1）旧建（构）筑物的利用

玉峰山废弃矿坑群内遗留了大量的旧建筑物和构筑物，这些建筑有的是供采石工人居住的，有的是用来存放开采设备的。这些建筑物大多是铁皮屋顶搭建的简易房，少部分是砖瓦房，建筑质量总体来说较好。构筑物有挡土墙、电线杆等。除部分质量较差的建筑被拆除以外，其他的旧建筑都可改造重新利用。这些旧建（构）筑物可通过以下 3 种方式进行改造。

①功能置换。不改变原有旧建筑的外形，根据玉峰山废弃矿坑群自身的特点，对建筑物的内部进行结构调整，并赋予其新的功能，如可将其改成旅游服务中心、购物点等。例如，湖北黄石国家矿山公园在进行改造时，赋予了很多旧的工业建筑新的功能，如致力于打造“世界铁城”，石铁哥们机器人主题公园成为继嘉兴铁哥们机器人主题公园之后，中国第二个环保钢雕机器人主题公园（图 5.31）。

图 5.31　湖北黄石国家矿山公园示意图（图片来源于网络）

②空间重构。主要通过两种方式进行空间重构：一是把大空间变成小空间；二是把小空间整合成大空间，以满足建筑新功能的需求。玉峰山废弃矿坑群内遗留的旧建筑总体来说空间不大，可以根据需要把几个小的建筑整合为一个大空间的建筑，或者根据需要将空间大一些的建筑通过隔板、家具等其他方式来分割成小的空间。例如，德国奥伯豪森市在对煤气储罐工业建筑进行改造时，大面积保留了原址的厂房和设施，并赋予它们新的功能，通过大空间变小空间的方式进行建筑空间的重新架构，将建筑内部改造成了多个竖向的空间，将其打造为欧洲最壮观的室内展场（图 5.32）。

图 5.32　奥伯豪森的煤气罐 (Gasometer) 博物馆（图片来源于网络）

③变换造型。一些不需要整体保留的旧建筑，可以根据需要作适当的改动，使它们更加美观，更受人们的欢迎，实现再利用的价值。例如，鲁尔工业区的一间旧厂房，设计师将建筑物一端的楼梯间包上玻璃帷幕，再加上两根“象牙”就像是一只大象，附近的居民都昵称这个建筑所在的公园为大象公园（图 5.33）。

图 5.33　鲁尔工业区由旧厂房改造的景观（图片来源于网络）

2）机械设施的利用

玉峰山废弃矿坑群内遗留了大量的机械设施，这些机械设施以传统的审美观点来看并没有明显的审美特征，甚至可以说是丑陋的，但其所饱含的重要的历史和独特的景观元素，却能引起游客的共鸣。玉峰山废弃矿坑群内的机械设施除去损毁严重的部分被拆除以外，其他的均可以考虑保留。保留的机械设施可以有下述 3 种再利用的方式。

①对遗留的机械设施进行原样保留，如开挖矿石，挑选、加工石子等一系列操作的设备，可以用来向游客展示并讲述其操作的整个过程，同时游客还可以亲自动手操作，感受工业革命的伟大和机械设施给人们生活带来的便利，起到科普教育的目的。例如，湖北黄石国家矿山公园通过保留原有的机械设施的方式来展示矿业生产的文化和科普教育工作（图 5.34）。

图 5.34　湖北黄石国家矿山公园遗留的机械设施

②可以将遗留的机械设施进行改造，如可将矿坑内遗留的传送带改为滑道，游客可从坑口顺着滑道滑到坑底，不仅能快速到达坑底，还能体验惊险刺激，但是要做好安全防护措施，确保游客的安全。例如，美国西雅图煤气厂公园在设计时，充分尊重厂区原有的景观特征，把厂区原有的煤气存储塔、燃气炉等设施都保存下来，并用红、黄、蓝、紫等不同颜色进行重新喷涂后，变成供儿童攀爬玩耍的娱乐设施（图 5.35）。

图 5.35　美国西雅图煤气厂公园（图片来源于网络）

③新旧结构相结合，如鲁尔工业区内林立着很多为采矿而建的矿井架，设计师巧妙地将一个飞碟形办公空间装在矿井架的上方，成为一家广告公司的办公室，因为其造型独特而具有创意，成为这家公司的活广告（图 5.36）。

图 5.36　鲁尔工业区旧矿井架改造的办公室（图片来源于网络）

通过这些设计方法，不仅实现了对原有景观元素的保留和价值重现，也使游客见证了工业发展的历程。

5.4.4　场所精神和地域文化的延续

场所精神的延续理念已经被规划设计师们所认可和接受，并应用于规划设计过程中。废弃矿坑是矿石开采后遗留的一种地貌特征，通过它们可以看到场地历史的变迁、自然和人为活动带来的改变以及人们的情感寄托和城市记忆等，这些都属于“场所精神”的一部分。通过对玉峰山废弃矿坑群遗留的典型景观进行保护和再利用，使场地的特殊元素及特征得以延续和传承，充分体现该区域的场所精神。传统地域文化包括当地的历史文化、人文地理、风俗习惯、宗教礼仪等元素。景观设计只有融入这些元素，才能形成当地特有的景观，体现出民族历史文化的独特韵味。从整个人类文化的发展来看，越是富有地域文化特色的景观作品，越能被大众所接纳和承认（王荣华，2015）。

对玉峰山废弃矿坑群改造再利用时，要深层次地挖掘该区域的文化特色。玉峰山废弃矿坑群位于玉峰山矿山公园核心区，是具有独特地貌景观的废弃矿坑（图 5.37）、山林田园、民俗老街、村寨古寺等自然人文资源，后期将规划打造为一个集环境教育、地质科普、农业观光和山地度假等功能于一体的都市型生态旅游目的地，兼顾观光和体验的矿山主题公园，树立重庆“四山”生态修复和文化重建的典范。如果在玉峰山废弃矿坑群的改造再利用中将这些元素融合起来，定能打造出具有当地特色的景观。玉峰山废弃矿坑群在改造再利用中，除了要保留原有的场地精神外，还要将地域文化融入景观设计中（图 5.38），将这两种文化相结合，来丰富玉峰山废弃矿坑群的人文景观。

图 5.37　玉峰山废弃有水矿坑

图 5.38　玉峰山矿业生产遗迹

例如，浙江绍兴的东湖就是在保留原有采石文化的基础上，结合江南独特的地域文化，通过设置乌篷船游湖、遗留湖洞体验等娱乐项目，表现中国古典园林的韵味（陈伊，2014）。东湖原来是一座青石山，汉代之后，这座山便成了当地的一处采石场，经过长时间的开采，几乎挖掉了半座青石山，形成了高约 50 m 的悬崖峭壁。开采工人又往地下挖了 20 m，久而久之便形成了长 200 m 左右，宽 80 m 左右的清水塘（图 5.39）。东湖利用它原有的自然环境和人文资源，借助古典园林的造景手法，在采石场建起一座围墙，使水面加宽，形成了美丽的东湖。

图 5.39　浙江绍兴东湖风景区

南京牛首山文化旅游区位于南京市江宁区，规划总面积 49.37 km^2。以“补天阙、修圣道、藏地宫、现双塔、兴佛寺、弘文化”为核心设计理念，全面保护牛首山历史文化遗存，修复牛首山自然生态景观。牛首山风光秀美，素有“春牛首”之美誉，古有牛首烟岚、献花清兴、祖堂振锡等金陵美景，还遗存了很多历史古迹（图 5.40）。整个文化旅游区涵盖佛顶圣境、宝相献花、隐龙禅谷、谧境禅林、天阙小镇五大功能区，致力于打造融佛禅文化、金陵文化、生态景观为一体的生态胜景、文化胜境、休闲胜地。

图 5.40　南京牛首山文化旅游区

第 6 章　玉峰山废弃矿坑生态修复实践

重庆市渝北区玉峰山是主城区域内森林覆盖率最高的区域之一，也是重庆市建筑用石材、碎石主要生产基地，分布着众多大小规模不等的采石场（点），经开采形成了众多大小不等、高陡边坡裸露的矿坑，对自然环境造成了极大的危害，且开采后形成的高陡边坡对附近居民的生命财产造成了严重的威胁。重庆市市委市政府从保护环境、保护周围人群的生命安全出发，对这一带的采石场进行了关闭。玉峰山废弃矿山区域位于石船镇西侧，由南自北沿 319 国道呈带状分布于玉峰山镇、石船镇、古路镇，由 41 个废弃矿坑开采区及影响区构成，面积约 14.87 km^2。玉峰山废弃矿坑的矿山生态修复实践工作是对玉峰山片区采石场展开地质环境治理，通过落实自然资源部全国矿山环境治理规划，改善矿山地质环境保护与恢复治理的严峻形势，应及时开展对废弃矿山进行“矿山复绿”和对废弃矿山展开生态修复实践。

6.1　玉峰山废弃矿坑生态修复区概况

6.1.1　一期修复区概况

渝北区于 2011 年立项申报玉峰山片区采石场矿山地质环境治理项目，先后获财政部、自然资源部下达中央补助资金 1 500 万元、市国土房管局下达市级补助资金 750 万元。为充分发挥矿山地质环境治理综合效益，以及综合开发利用和规划建设重庆实

物地质资料库、渝北铜锣山矿山公园建设的要求，经市国土房管局及渝北区充分调查、论证，2014 年 5 月确定原石壁建司等 3 处约 750 亩废弃矿区为一期治理项目试点区。2015 年 1 月，市局下达初设批复，渝北区发改委批复概算投资 2 682.48 万元。2015 年 5 月 27 日正式开工建设，根据“宜农则农、宜建则建、宜林则林”建设原则，主要治理区域包括原采坑废弃区域及矿山开采导致水系、道路、土壤等被破坏所形成的开采影响区域。

一期生态修复工程位于玉峰山镇石壁村，勘察区紧邻 319 国道，并有乡村公路与 319 国道相接，交通较方便（图 3.6）。确定勘察设计治理范围为矿区范围 203 125 m^2（约 304.69 亩），矿区影响范围为 375 042 m^2（约 562.67 亩）。该矿区影响范围内为本次设计治理范围，在采石开挖后现状，形成一个大的采坑，周边形成高 6 ~ 70 m 的环境边坡，由灰岩组成的岩质边坡，边坡岩体类型为 Ⅱ 类。

6.1.2　二期修复区概况

二期生态修复工程位于一期工程南侧（图 6.1），主要完成 7 号和 8 号矿坑及其影响区共 739 亩土地的治理，计划通过地质环境治理、景观复绿、土地复垦等手段，打造一处独具矿山特色的景观空间，为矿山公园的后期开发奠定基础。2018 年 9 月，渝北区发展改革委下达《关于同意渝北区玉峰山片区采石场矿山地质环境治理二期工程投资概算的批复》（渝北发改投〔2018〕803 号），项目估算总投资 2 585.96 万元。

本次治理的编号为 7 号、8 号废弃矿坑位于石船镇石壁村，废弃矿区总体地形为西侧高、东侧低，属于剥蚀、溶蚀丘陵—低山地貌。矿区内最高标高为 654.75 m，位于矿区西侧山头；最低标高为 512 m，位于矿区中部矿坑积水底部，相对高差 142.75 m。矿区地形坡角 61° ~ 83°，平均 75°。矿区北侧、东南侧分布近直立岩质边坡，高度最高约 68 m。

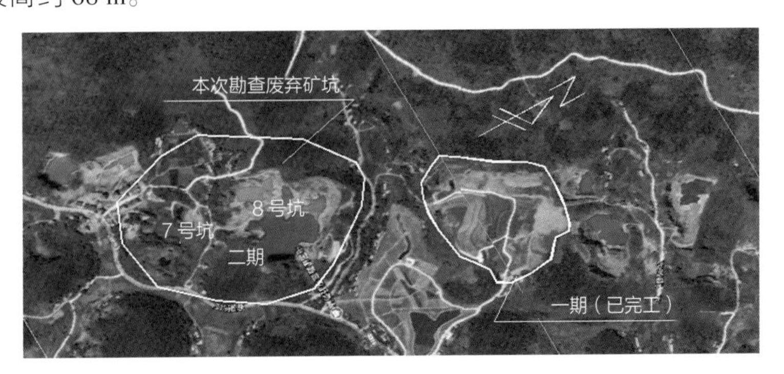

图 6.1　玉峰山片区采石场矿山地质环境治理一期、二期示意图

6.1.3 三期修复区概况

三期生态修复工程位于渝北区石船镇石壁村，规划治理面积 427 亩。遵循“生态修复为主、工程治理为辅”以及“开发式治理”的理念，对 11 号矿坑、12 号矿坑和 13 号矿坑 3 个矿坑及其开采影响区，存在因采矿开采形成的边坡、危岩以及植被破坏和废弃采矿设施进行规划治理，面积 427 亩（图 6.2）。2017 年 10 月，渝北区发展改革委下达《关于同意铜锣山废弃矿山地质环境治理三期项目可行性研究报告的批复》（渝北发改投〔2017〕795 号），项目估算总投资 1 691.64 万元，其中，市级财政资金 1 224 万元，渝北区配套 200 万元，不足部分由业主自筹。该项目建设单位为重庆市地质矿产勘查开发局 208 水文地质工程地质队（重庆市地质灾害防治工程勘查设计院）。

图 6.2　三期修复工程矿坑分布全景

6.2 地质环境问题

生态修复工程中主要的地质环境问题包括地质灾害问题、破坏地形地貌问题和破坏植被问题等。

6.2.1 地质灾害问题

矿山开采过程中形成的高陡边坡导致明显的地质灾害问题，部分坡体不稳定（图 6.3），存在边坡滑坡塌陷等地质灾害，严重地威胁着周边居民和来往人流的人身安全。

（a）高陡边坡1

（b）高陡边坡2

图6.3　矿区地质灾害

6.2.2　破坏地形地貌问题

露天矿山开采方式为露天爆破开采，这是一种严重破坏地形地貌的开采方式。在获得矿石，取得收益的同时，却将矿区范围内的原地形地貌、地表植被进行了极大的破坏，自然雄伟的山体逐渐被采剥挖平，造成大片的基岩裸露、草木不生，开挖形成的高陡边坡及开采台阶使土地的视觉连通性大大下降，破坏了当地周围景观的和谐性与自然性，废弃矿渣等的堆放还会占用矿区周边的土地资源，严重破坏了原来的地形地貌（图6.4），严重浪费土地资源。

（a）矿区现状图1

（b）矿区现状图2

图6.4　破坏地形地貌

6.2.3　破坏植被问题

露天开采导致矿区内除采矿坑周边植被被覆盖外（图6.5），其余采矿均为裸露区。矿区坡面裸露情况严重，导致植被严重破坏，造成大片的基岩裸露、草木不生，引起区域植物生物多样性的降低，生态系统脆弱，破坏了当地生态系统的完整性与当地生态环境的稳定性。

（a）植被覆盖情况 1

（b）植被覆盖情况 2

图 6.5　破坏矿区植被

6.3　生态修复工程措施

生态修复工程坚持“生态修复为主，工程治理为辅”的理念，同时为后期的开发建设规划“开发式治理”的措施。本次对废弃矿山的地质环境治理工程主要针对矿坑的现状，尽可能考虑后期开发利用规划思路，在尽可能少扰动现有矿山环境的前提下进行恢复治理工作。按照“因地制宜、宜农则农、宜建则建、宜林则林”的治理方针，一是对场地内存在安全隐患的边坡、危岩采取适当的工程防治措施，使采石场及矿坑能达到作为矿山公园用地使用的目的；二是对矿山地质环境影响区进行地质环境治理能使矿山地质环境治理达到良好效果；三是通过综合考虑，对废弃矿山结合现状进行复绿工程和设施完善；四是总体上控制投资、合理利用资金，实现良好的社会效益和经济效益。

生态修复工程措施主要包括地灾治理工程措施、绿化工程措施和土地复垦与土地整治措施。

6.3.1　地灾治理工程措施

地灾治理工程是指针对不同的边坡危岩等地灾隐患，综合采用肋柱锚杆加固、坡面危岩（石）清除、破碎岩体清除、顶部削方减载等工程措施进行治理，主要包括边

坡工程和土石方工程。

（1）边坡工程

边坡工程主要针对采石开挖后采坑周边形成的灰岩组成的岩质边坡进行危岩清除、边坡加固等措施，消除边坡的安全隐患。

矿山影响区外侧靠国道 319 处主要为平缓荒地区域，该区域面积约为 152 298 m^2（约 228.45 亩），该区域内整体地势平台，呈现缓坡状。该地貌区间内高程为 539 ~ 550 m，相对高差较小，适宜生态修复用作农业用地。

（2）土石方工程

土石方工程主要针对采石场、废弃矿坑及其周边区域。土石方工程整治时应综合考虑挖填平衡。首先，根据场地内地形地貌，优先清除场地矿区中间的弃土堆区域。其次，根据场地矿区低洼处存在积水，结合将来场地规范，对该区域内场地进行开挖整平，该区域将来作水体用，其中开挖 1 个水体，水体池底标高 553.5 ~ 556.5 m，同时对水体内底部及侧壁进行工程处理，主要采用工程措施进行防渗漏处理。最后，根据场地现有标高结合将来场地标高，进行土石方工程，场地整平后标高为 551 ~ 560 mm，最高处位于场地北段拟建仓库处，最低处位于场地入口处。其中，场地东侧为填方区域，场地中部为挖方区域，综合考虑土石方平衡问题。根据场地现有情况与周边存在的边坡问题（图 6.6），采用土石方工程对该区域内边坡进行适当放坡工程，同时对边坡采用藤蔓植物进行绿化。

（a）土石方工程平整场地

（b）修复前现状图

图 6.6　修复前现状图

6.3.2　绿化工程措施

在矿山生态修复绿化工程中应秉承“因地制宜”的选择，减少人为痕迹的介入，对场地生态绿化进行梳理和恢复，将崖壁、绿化、水景和工业遗迹相结合，形成良好的景观效果。在绿化工程景观设计过程中应遵循植物配置分块原则、模拟自然群落原则和植物特色原则等。在植物配植分块方面根据环境条件和功能需求展开设计，各个区域进行不同的植被规划，用植物来强化各个区块的特色。模拟自然群落原则的意思是在采用绿化物种的时候应选择乡土物种，尽可能与周围自然环境融合一体，以确保生态系统的稳定。植物特色原则是指在选择乡土物种的时候应优先选择具有改良土壤肥力的固碳植物，选择耐酸性、耐旱性、耐贫瘠、萌发强、生长快的物种。在进行绿化工程的时候要考虑生态效益，调查矿区目前现存的植物种（表 6.1），结合植物适应性展开绿化工程。

表 6.1　矿区现存植物种名录

名称	类型	生长习性	照片
荩草	一年生草本植物	地被植物 花黄色或紫色 花、果期 8—11 月	
青蒿	一年生草本植物	茎高 30 ~ 150 cm 花黄色或白色 花期 6—9 月	
草木犀	一年生草本植物	茎高 1 ~ 2 m 花白色或黄色 花期 5—9 月	

续表

名称	类型	生长习性	照片
打碗花	一年生草本植物	地被植物 花白色、紫色或粉色 花期 7—9 月	
绞股蓝	多年生草本植物	茎高 50 ~ 100 cm 花黄绿色 花期 7—9 月	
芒草	多年生草本植物	茎高 1 ~ 2 m 花淡黄色 花期 8—9 月	
芦苇	多年生草本植物	茎高 1 ~ 3 m 花白色 花期 8—12 月	

续表

名称	类型	生长习性	照片
火棘	多年生木本植物	高 40 ~ 100 cm 花白色 花期 3—5 月	
波斯菊	多年生草本植物	茎高 60 ~ 100 cm 花红、白、橘、紫等色 花期 6—8 月	
凤尾蕨	多年生草本植物	茎高 50 ~ 70 cm 观叶植物 常绿植物	

矿区土壤瘠薄，栽植乔木难度相对较大，宜采取客土栽植，种植坑加树池相结合的方式。对一般采矿植被破坏区采用沿自然地形稍作平整，回填客土厚度 30 ~ 50 cm，再混抛撒草籽间种树进行植被恢复，在凹区局部回填覆土厚度，具备植树条件的采用树坑植树，树坑尺寸一般为 0.8 m × 0.8 m；饱水条件差的（弃碴区），平整后夯填 20 ~ 30 cm 黏性土后，再填筑客土进行复绿；存在采矿废弃设施的，采用机械拆除后，再进行复绿。在崖壁顶端处种植三角梅，美化崖壁景色，以爬山虎、迎春作为崖壁的复绿植物，提升复绿效果。在平缓地带以狗牙根、果岭草混种为地被，保证不同季节地面都保持绿色，以大花金鸡菊、波斯菊、白三叶进行片植作为中层植物，在不同季

节形成花海景观，以细叶芒、狼尾草、火棘进行点景，增强景观的层次感，以黄连木作为上层乔木，作为视觉焦点。在坡地上以猪屎豆作为地被，以多花木兰、紫穗槐作为中层植物，在复绿且美观的基础上，发挥植物的固土能力。在水边种植芦苇和细叶芒，美化水岸边缘景色。在基地中的视线焦点处，预留有栾树、青檀、黄葛树的乔木种植点，为下一步设计作参考。绿化工程根据不同场地绿化需求分为植草绿化、边坡绿化和植树绿化工程。常见绿化工程植物种名录见表6.2。

表6.2 常见绿化工程植物种名录

植物类型	名称	生长习性	观赏特征	照片
大乔木	黄葛树	生长在疏林或溪边湿地，耐寒性较榕树稍强	树冠庞大，浓荫覆盖。是优良的观叶乔木	
	刺槐	喜光，喜温暖湿润气候，对土壤要求不严，适应性很强。对土壤酸碱度不敏感	树冠高大，叶色鲜绿，开花绿白相映，素雅芳香	
	枫杨	喜光树种，不耐庇荫，但耐水湿、耐寒、耐旱，对二氧化硫、氯气等抗性强	树冠广展，枝叶茂密，生长快速，根系发达，既可作为行道树，也可成片种植或孤植于草坪及坡地，均可形成一定景观	

续表

植物类型	名称	生长习性	观赏特征	照片
大乔木	乌桕	对土壤适应性较强，能耐短期积水，耐旱，稍耐盐碱	色叶树种，春秋季叶色红艳夺目	
	杨树	生存能力极强。喜光，不耐阴，耐严寒。根系发达，固土能力强。抗风、抗病虫害能力强	树形挺拔，生长快速，秋季变色。既可作为行道树，也可成片种植，形成连续性景观	
小乔木	垂柳	喜光，喜温暖湿润气候及潮湿深厚之酸性及中性土壤中	垂柳小枝细长下垂，淡黄褐色，是园林绿化中常用的行道树，观赏价值较高	
灌木	黄花槐	草本或亚灌木，高不足1 m。茎、枝、叶轴和花序密被金黄色或锈色茸毛。生长在海拔500 ~ 1 800 m的草坡山地	黄花槐开花花量大，花色艳，其适应性和抗性强，生长旺，是优良的园林绿化树种	

续表

植物类型	名称	生长习性	观赏特征	照片
灌木	丛生紫薇	枝干屈曲光滑，树皮秋冬块状脱落。小枝略呈四棱形。性喜阳光和石灰性肥沃土壤，耐旱怕涝	树姿优美，枝干屈曲，花色鲜艳，且于夏秋少花季节开花，为园林中夏秋季重要观花树种	
竹类	孝顺竹	禾本科刺竹属植物，竿高 4 ~ 7 m，直径 1.5 ~ 2.5 cm，绿色。喜温暖湿润气候及排水良好、湿润的土壤	竹秆青绿，叶密集下垂，姿态婆娑秀丽。孝顺竹叶片数目甚多，排成羽毛状，枝顶端弯曲，是观赏竹类	
垂吊植物	三角梅	性喜温暖、湿润的气候和阳光充足的环境。不耐寒，耐瘠薄，耐干旱，耐盐碱，耐修剪，喜水但忌积水，对土壤要求不严	叶子花观赏价值很高，每逢新春佳节，绿叶衬托着鲜红色片，仿佛孔雀开屏，格外璀璨夺目。有较好的观赏价值	
	野迎春	喜温暖湿润和充足阳光，怕严寒和积水，稍耐阴，以排水良好、肥沃的酸性沙壤土最好	野迎春生性粗放，适应性强，易于栽培，花明黄色，早春盛开，碧叶黄花，是受人们喜爱的观赏植物	
藤蔓植物	爬山虎	适应性强，性喜阴湿环境，但不怕强光，耐寒，耐旱，耐贫瘠。对二氧化硫和氯化氢等有害气体有较强的抗性，对空气中的灰尘有吸附能力	爬山虎表皮有皮孔，夏季枝叶茂密，既可美化环境，又能降温，调节空气，减少噪声。能改善居住环境，提高生活质量	

续表

植物类型	名称	生长习性	观赏特征	照片
藤蔓植物	常青藤	耐阴，喜温暖，稍耐寒，喜湿润，不耐涝。忌高温闷热的环境。宜肥沃、排水良好沙质土壤	细嫩枝条被柔毛，呈锈色鳞片状，叶互生，革质，油绿光滑，常用作观赏植被	
地被植物	金鸡菊	耐寒耐旱，对土壤要求不严，喜光，但耐半阴，适应性强，对二氧化硫有较强的抗性。栽培管理粗放	金鸡菊是很好的观赏草花的物种，是各地公园、庭院的常见栽培物种	
	波斯菊	喜阳光、不耐寒、怕霜冻、忌酷热。耐瘠薄土壤，肥水过多易徒长而开花少，甚至倒伏。可大量自播繁衍	波斯菊植株高大，花枝随着秋风摇曳，像穿着花裙子的妙龄少女，具有很高的观赏价值	
	虞美人	耐寒，怕暑热，喜阳光充足的环境，喜排水良好、肥沃的沙壤土。不耐移栽，忌连作与积水。能自播。花期 5—8 月	在公园中成片栽植，景色非常宜人。一株上花蕾很多，此谢彼开，可保持相当长的观赏期，具有很高的观赏价值	
	大花萱草	属多年草本，长 30 ~ 45cm，宽 2 ~ 2.5cm，上方有分枝	花朵有芳香，花大，具有较好的观赏性	

(1)植草绿化

为改善治理区景观效果，使工程实施后能与该地区规划发展相协调，应相应地进行绿化。植草绿化主要分为边坡绿化、采坑坑底绿化及矿区其他地方绿化。

绿化采用的种植土应优先选择疏松、肥沃、透气、透水的填料，当采用黏性土作填料时，宜掺入适量的碎石，并进行土壤改良处理，达到有机质≥5%，腐殖质≥5%，氮+磷+钾≥4%，水分(游离水)≥20%，pH 值 5.5~7，不应采用淤泥、膨胀性黏土等软弱而有害的岩土体作填料。种植土厚度根据场地情况选取为 20~30 cm，厚度不少于 20 cm，本场地均客土厚度为 30 cm。

草本植物主要选择适合重庆地区气候土壤条件的草本植物，如狗牙根、狼尾草、浦儿根、结缕草等。此类植物耐旱、耐热，繁殖能力强，根系发达，有利于水土保持，有良好的绿化效果。以上植物混合播种，4 类植物种子混播均为 5 g/m^2，每平方米总计 20 g 草种(表 6.3)。

表 6.3　植草绿化主要植物种及用量分布表

序号	材料名称	用量	序号	材料名称	用量
1	狼尾草(草种)	5 g/m^2	2	狗牙根(草种)	5 g/m^2
3	浦儿根(草种)	5 g/m^2	4	结缕草(草种)	5 g/m^2
5	种植土	0.3 m^3			

(2)边坡绿化

边坡绿化是指为边坡进行绿化，在边坡斜坡较缓处可植草绿化。边坡按设计方案放坡后，坡面上布置好种植土，种植土布置好以后，按狗牙根、狼尾草、浦儿根、结缕草这 4 种植物混合播种，每种植物播种数量为 5 g/m^2，每平方米总计 20 g 草种。播种完后，可适当喷散适量水。

藤蔓植物绿化采用坡顶吊兰、常青藤，坡脚爬山虎两级绿化，藤蔓植物间距为 0.5 m/株。对边坡每一级采用藤蔓植物绿化，边坡坡顶及坡脚沿边坡坡线设置爬山虎、吊兰、常青藤等藤蔓植物，每 0.5 m 一株，其中坡脚均设置为爬山虎，坡顶设置吊兰、常青藤等，吊兰与常青藤按 2∶1 比例分配。藤蔓植物的种植袋采用 0.5 m×0.4 m 的种植土布置形成，每株布置一个种植袋。总计爬山虎 3 816 株，吊兰 1 825 株，常青藤 1 825 株；种植袋总计 7 446 个(表 6.4)。具体的复绿工程植物规格明细见表 6.5。

表 6.4　边坡绿化主要植物种及用量分布表

序号	材料名称	用量	序号	材料名称	用量
1	爬山虎	3 816 株	2	常青藤	1 825 株
3	吊兰	1 825 株	4	种植袋	7 446 个

表 6.5　复绿工程植物规格明细表

编号	名称	规格 /cm			备注
		胸（地）径	高度	冠幅	
1	果岭草 + 狗牙根 + 打碗花	—	—	—	30 g/m^2，混播比例 2∶2∶1
2	细叶芒 + 狼尾草	—	—	—	18 g/m^2，混播比例 2∶1
3	猪屎豆 + 紫穗槐 + 多花木兰	—	—	—	15 g/m^2，混播比例 1∶1∶1
4	波斯菊 + 大花金鸡菊 + 白三叶	—	—	—	10 g/m^2，混播比例 2∶2∶1
5	火棘	—	100 ~ 150	100 ~ 150	乡土植物，蓬冠丰满，分枝均匀
6	三角梅	—	150 ~ 200	150 ~ 200	乡土植物，蓬冠丰满，分枝均匀
7	迎春	—	100 ~ 150	100 ~ 150	乡土植物，蓬冠丰满，分枝均匀
8	爬山虎	—	—		枝长大于 2.5 m，4 株 /m
9	黄连木	30 ~ 40	900 ~ 1 000	800 ~ 900	全冠，点景树，树形优美

注：设计规格均为栽植修剪后规格。

（3）植树绿化工程

对采石场及其周边范围进行植树绿化，植树沿植树范围线按 5 m 间距植树绿化，植树为黄葛树，树的种植坑为挖坑种植，坑直径 1 m，深度为 1.5 m。截排水工程措施主要在农业用地内修筑截排水系统，根据农业用地的区块进行分块建设截排水系统，主要分布于田间道路两侧、农业用地范围周边及农业用地与水体连接的路上。截排水沟采用 M7.5 浆砌片石修筑，同时截排水连接将来规划中的藕塘区内。

通过设置科学合理的截排水系统，避免地表及地下水对边坡面及场地造成影响，有利于边坡及场地的永久稳定。截水沟布置结合现场调查分析，总计截排水沟长度约

3 020.4 m，间隔 15 m 设置一条沉降缝，缝宽 2 cm，内用沥青麻丝填塞，沟底具体标高可结合现场实际情况确定。排水沟纵坡按不小于 0.3% 设计。

矿山地质环境影响区内存在将来规划用的水体及藕塘，要对该区域进行土石方开挖，当土石方开挖至设计标高后，3# 水体沿水体边缘线进行开挖，水体沿水体边缘线进行开挖，水体池底标高为 532 ~ 533.2 m，设计水面高程为 534.2 m。池底作防渗漏处理。同时对水体进行净化，水体周边采用柳树绿化，沿水体旁植柳树绿化，树间距 6 m，挖坑直径 1 m，坑深 1 m。此处水体植柳树共计 101 棵。水体周边采用适当植草绿化布置，水体附近布置适当的石山、亲水植物水仙等。

6.3.3　土地复垦与土地整治措施

玉峰山采石场矿区地质环境影响区区域（图 6.7）中现有宽 2 ~ 4 m 的乡村道路 1 条，将采石场与国道相连，道路总长约 0.5 km。现有道路宽度小，道路高差较小，道路路面高程为 539.16 ~ 546.78 m，道路整体靠矿山侧，道路现状为乡村土路。道路设计宽度为 7 m，其中车行道道路宽度为 6 m，两侧人行道宽度均为 0.5 m。改建道路位于现有道路处，与国道 319 相接，除道路入口处往西侧移动外，其余均沿原道路进行改建，均在原有道路基础上对该段道路进行拓宽，将道路拓宽至 7 m，再对所有道路进行硬化处理。道路绿化采用黄葛树，两侧每 5 m 种植一棵小叶榕，道路绿化工程结合剖面图布置。

其他工程主要为修筑农业区域内便道，含临湖步道及步道，临湖步道沿 3 号矿坑水体布置，长度为 694 m，宽 2 ~ 2.5 m，采用釉面砖铺设。步道零散分布于农业区域内，总长为 1 684 m，宽为 1 m，可采用釉面砖或者青石、条石铺设。

图 6.7　矿山地质环境影响区区域全貌照片

6.4 生态修复成效

玉峰山废弃矿坑生态修复工程根据“因地制宜、宜农则农、宜建则建、宜林则林”的治理方针，首先使采石场及矿坑能作为建设场地用地使用，然后对其余地块如采坑、边坡等进行地质环境治理，使矿山地质环境治理达到良好效果，同时对场地内存在安全隐患的边坡进行一定的工程防治，对矿山地质环境影响区进行适当整治。总体上控制投资、合理利用资金，以达到良好的工程治理措施及社会经济效益。

一期已于2016年11月完工，通过对场地内各区域、地块的绿化工程、截排水工程、水体工程、道路工程、土石方工程、农业区域工程及其他工程进行变更设计，主要完成650亩废弃矿区的矿山地质环境恢复和综合治理，形成可供利用的林地122亩、耕地280亩、建设用地149亩、绿化景观用地99亩。二期生态修复工程实现耕地面积不少于65亩，林地总面积不少于210亩，水域总面积不少于90亩。三期生态修复工程完成11～13号矿坑及其周边427亩面积的生态修复与治理工程。一期生态修复成效如图6.8和图6.9所示。二期生态修复成效如图6.10—图6.14所示，三期生态修复成效如图6.15—图6.19所示。

（a）修复前实景

（b）修复后效果

图6.8　一期生态修复工程前后对比图

图 6.9　一期生态修复工程前后对比图

（a）治理区现状修复前

（b）修复后效果图

图 6.10　二期生态修复工程前后对比图

（a）8 号坑原始地貌

（b）修复后效果

图 6.11　二期生态修复工程——8 号坑前后对比图

（a）BP4 边坡原始地貌

（b）BP4 边坡治理后效果

图 6.12　二期生态修复工程——边坡前后对比

（a）BP6 边坡原始地貌

（b）BP6 边坡治理后效果

图 6.13　二期生态修复工程——边坡前后对比

（a）BP6 边坡原始地貌

（b）BP6 边坡治理后效果

图 6.14　二期生态修复工程——边坡前后对比

（a）治理区现状图修复前

（b）修复后效果图

图 6.15　三期生态修复工程前后对比图

（a）修复前实景

（b）修复后效果

图 6.16　三期生态修复工程——11 号坑和 12 号坑前后对比图

（a）治理前的道路

（b）治理后生态旅游线路网图

图 6.17　三期生态修复工程——道路前后对比图

（a）治理前的边坡

（b）治理后的边坡

图 6.18 三期生态修复工程——边坡前后对比图

图 6.19 三期生态修复工程后现状

第7章　玉峰山废弃矿坑群再利用规划

玉峰山废弃矿坑群位于重庆市主城东北部，生态修复后规划作为一个城市公园提供给市民和游人休闲交流的公共空间。城市公园环境设施作为承载人类户外活动的物化形式之一，是联系人与环境的重要纽带，也是城市形象的载体和城市文化的传播媒介。采矿遗留下来的矿业遗迹对重庆科学技术教育发展与宣传提供了更多的可能性。现状良好的山林资源（80% 森林覆盖率）为该公园提供了较好的生态旅游基础。

玉峰山废弃矿坑群的再利用规划设计坚持“文化引导、遗迹保护、科普优先、以点带面、功能互补”的原则，将玉峰山废弃矿坑群打造成一个集民俗老街、村寨古寺等自然人文资源，集环境教育、地质科普、农业观光和山地度假等功能于一体的都市型生态旅游目的地，一个兼具观光和体验的矿山主题公园。通过打造示范区、矿山公园建设、旅游开发“三步走”，实现公园的发展目标；结合采石场治理和产业转型需求，建立城乡统筹机制，通过矿坑生态修复和发展生态旅游，实现区域可持续发展；通过加入现代农业园区和旅游服务体系之中，解决当地居民安置、就业、增收等问题，实现“三农”的转型升级，最终提高当地居民的幸福指数；结合公园内景观资源的分布情况及矿山资源的空间特征，规划形成“一心两环四区十园”的功能结构。

玉峰山废弃矿坑群的生态修复及再利用可以为国家的发展建设提供更多的土地，还可以带动该区域及其周边区域的经济发展。废弃矿坑群的再利用模式主要考虑历史背景、环境因素、矿坑邻近土地的现状功能以及未来的建设规划。通过对以上几点的综合考虑，在本书中提出了几种适合玉峰山废弃矿坑群再利用的模式：矿山遗址公园模式、地质矿产科普展示模式、矿坑休闲旅游模式、生态农业开发模式以及巴渝民宿模式（图 7.1）。这 5 种再利用模式的功能并不是完全独立的，而是有些许的交叉，但是每一种模式的主导功能都有所不同，各有侧重。

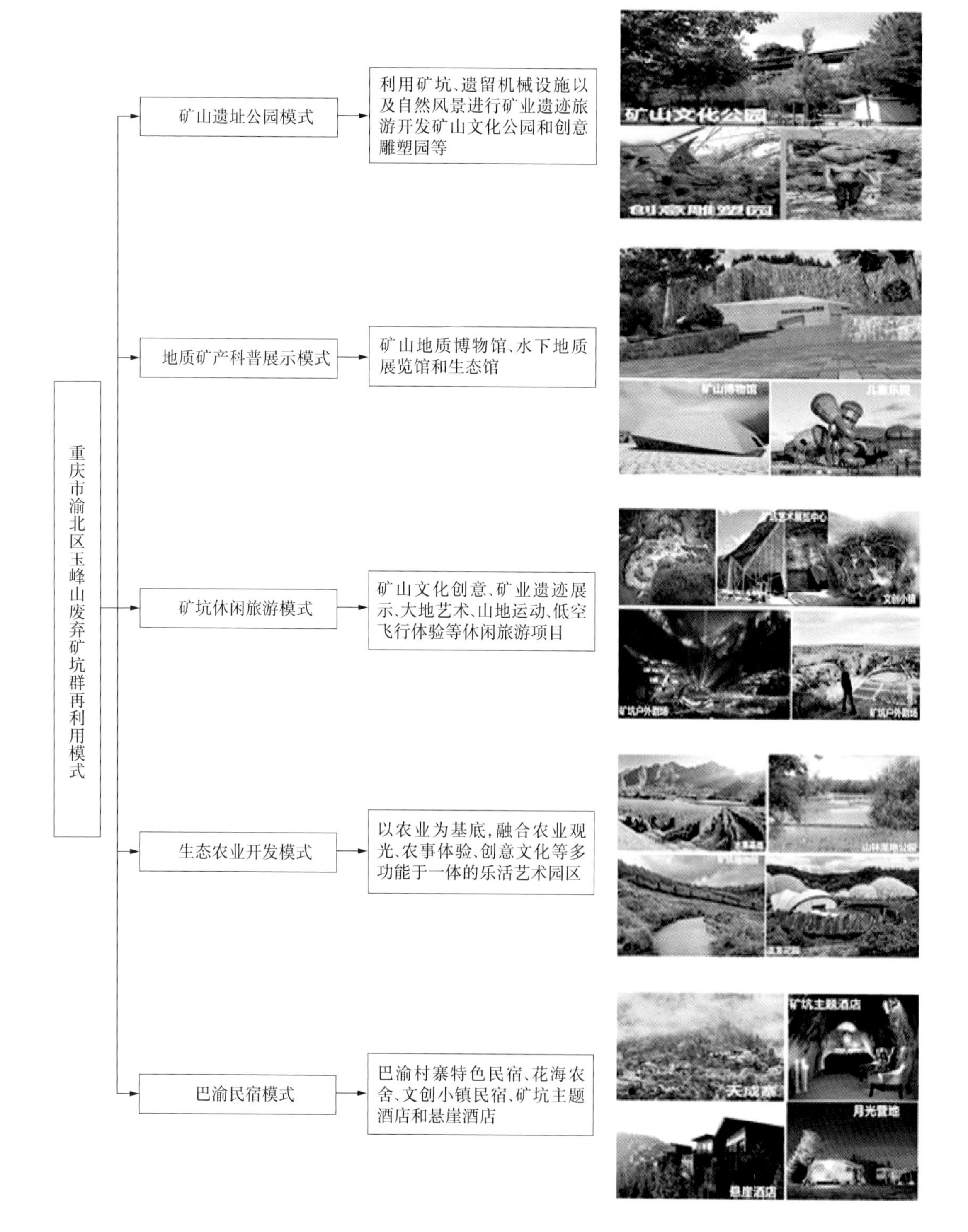

图 7.1　玉峰山废弃矿坑群再利用模式图

7.1　矿山遗址公园实践探讨

矿山遗址公园不同于一般的风景旅游区，以展示矿业遗迹景观为主体，以采矿文化为宗旨，具有景观价值的独特性。矿业废弃地通过艺术手法的处理并赋予全新的功能定位，能形成全新的后工业景观旅游地，加上对矿坑等遗址景观环境的再造，使其与周边的自然风光衔接起来组成全新的矿产旅游景区，从而打造出极富吸引力的矿山遗址主题旅游资源。

在原有的景观基础上，对露天矿坑群进行艺术构思、人文景观设计，并辅以适当的工程修整、花木绿化、点缀等手段，对矿坑群内的水体、岩石、植物和动物赋予矿坑群新的生命和活力，挖掘或创造出别具一格的矿山遗址公园，弘扬矿业文化，展现时代进步特征。

7.1.1　基本概况

1）地理位置

重庆市渝北矿山遗址公园位于重庆市主城东北部石船镇，距重庆市区约 30 km。拟建公园面积 24.70 km^2，地理坐标东经 106°43′20″ ~ 106°48′14″，北纬 29°43′10″ ~ 29°49′12″。公园紧邻 319 国道，距重庆江北国际机场 18 km，重庆果园港 16 km，重庆火车北站 26 km，朝天门码头 43 km。良好的交通条件，为文化旅游发展“旅游 +”模式带来极大的便利。

2）矿产遗迹类型与分布

根据自然资源部地质环境司编制的《中国国家矿山公园建设工作指南》将矿业遗迹分为矿产地质遗迹、矿业生产遗迹、矿业制品遗存、矿山社会生活遗迹和矿业开发文献史籍类等。结合重庆玉峰山采石场矿山群实际情况，把拟建设矿山遗址公园的矿业遗迹分为矿产地质遗迹、矿业生产遗迹、矿业制品遗存、矿山社会生活遗迹 4 个部分。矿业遗迹具有科普教育和观光游乐的价值。

3）矿石采矿工作流程

玉峰山石灰岩开采历史就是当地居民对石灰岩利用的历史，开采工具是一个历史演化的过程，从最初的原始开采逐步过渡为现代的全机械化开采。石料生产的主要设备（图 7.2）包括：①母料开采、堆放潜孔钻、挖掘机及运输车辆。②给料：振动给料机。③粗碎：颚式破碎机。一般是大颚加小颚，有时也可根据石质情况采用悬轴式圆锥破碎机。④中碎：托轴式圆锥破碎机、反击式破碎机、锤式破碎机。⑤细碎：反击式破碎机、锤式破碎机、整形破碎机（包括箱式破碎机、复合式破碎机）。⑥整形：整形破碎机（包括箱式破碎机、复合式破碎机）。⑦筛分：振动筛。⑧除尘：除尘器。⑨分料运输：胶带输送机。⑩检验：集料筛分设备（成套筛子）、扁平针片状测定仪、含泥量测定仪、烘干设备、称重设备（根据精度要求配置）、容重仪和压力机等，形成比较完整的碎石生产线。园区内碎石加工系统主要用于生产水泥、石子和石灰等建材原料，其生产环节多、工艺复杂。按功能将该系统分为粗料转运系统、破碎系统、带式输送系统、筛分系统、排水系统和供电系统 6 个部分（表 7.1）。

（a）生产线

（b）生产线

图 7.2 玉峰山石灰岩生产线

表 7.1 碎石加工系统

	系统	组成	具体方式	备注
碎石加工系统	粗料转运系统		自卸汽车	粗料转运系统的投入占整个石灰岩矿山投资建设的半壁江山
			卷扬机	
			索道	
			带式传输	
	破碎系统	石子破碎机	颚式破碎机	结构简单，造价低廉，运转平稳，高效节能
			锤式破碎机	
			复合式破碎机	
			反击式破碎机	
			冲击式破碎机	

续表

	系统	组成	具体方式	备注
碎石加工系统	破碎系统	石灰岩矿山	固定式	结构简单，造价低廉，运转平稳，高效节能
			半固定式	
			半移动式	
			移动式	
		矿石破碎站	半固定式	
			固定式	
	带式输送系统		普通胶带式	生产效率较高，适宜带式输送机运输的对象十分广泛
			钢绳芯胶带式	
			钢绳牵引胶带式	
	筛分系统		固定筛	振动筛将粒径不同的碎石或粉末筛选成不同的级别
			共振筛	
			直线振动筛	
			重型振动筛	
			惯性振动筛	

7.1.2　规划设想

通过突破传统的矿山公园开发模式，在生态修复的背景下，通过“矿山 +”业态，实现文旅业态整合，盘活地块，带动区域产业发展，打造项目核心 IP，构建“矿山、文化、运动、游乐、度假”五位一体的矿山体验空间，营造一种创新的矿山体验方式，形成具有地方特色的矿山遗址公园（图 7.3）。

结合公园内景观资源的分布情况及矿山资源的空间特征，规划形成“一心、两环、四区、十园”的功能结构（图 7.4、表 7.2）。“一心”是指关兴文创小镇。通过引进相关文创产业，吸引艺术人才入驻，培育艺术产业，将关兴建设为文创旅游小镇，使其成为矿山公园配套服务中心。“两环”是指南段矿坑主题体验环线和北段山地休闲观光环线。“四区”是指以“湿地花园 + 地质探险”为主题的矿坑峡谷探险区，以“博物展览、地质科普、花卉博览”为主题的矿山博物科普区，以“文创艺术、户外剧场、体育运动”为主题的矿业遗迹展示区，以及北端以“山林湿地、养生度假”为主题的山林景

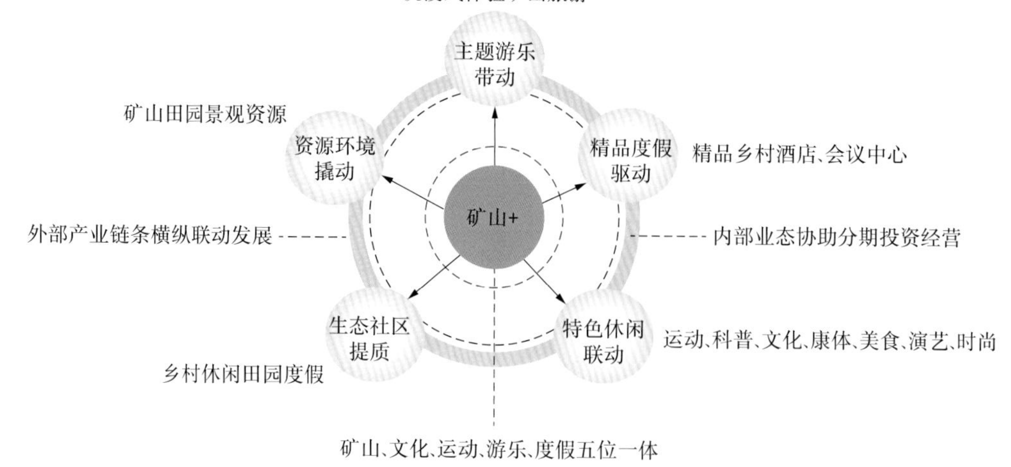

图 7.3　矿山公园开发模式

（图片来源于《重庆渝北铜锣山矿山公园总体规划（2016—2030）》）

观游览区。“十园”是指结合分区资源特征和功能主题打造的 10 个园中园旅游景点，由南到北依次为矿坑湿地花园、青少年探险乐园、矿山博物展览园、花仙子动漫儿童乐园、矿坑花园、关兴艺术田园、创意雕塑园、矿山文化公园、矿坑极限运动公园和湿地公园（图 7.5）。

表 7.2　矿山公园结构规划

结构	内容	简介	备注
一心	关兴文创小镇	通过引进相关文创产业，培育艺术产业，将关兴建设为文创旅游小镇	—
两环	矿山主题体验环线	南段矿坑主题体验环线	—
	山地休闲观光环线	北段山地休闲观光环线	—
四区	矿坑峡谷探险区	湿地花园 + 地质探险为主题	矿坑编号 1 ~ 4，位于公园最南端，景区面积 1.67 km^2
	矿山博物科普区	博物展览、地质科普、花卉博览为主题	矿坑编号 5 ~ 19，位于中北段山谷，景区面积 7.31 km^2
	矿业遗迹展示区	文创艺术、户外剧场、体育运动为主题	矿坑编号 20 ~ 37，用地相对平坦，并有关口老街、沙树湾古寨等人文资源可供挖掘开发
	山林景观游览区	山林湿地、养生度假	矿坑编号 38 ~ 41，位于最北段，景区面积 4.08 km^2

续表

结构	内容	简介	备注
十园	矿坑湿地花园	—	CK1
	青少年探险乐园	—	CK4
	矿山博物展览园	—	CK10
	花仙子动漫儿童乐园	—	CK11—12
	矿坑花园	—	—
	关兴艺术田园	—	—
	创意雕塑园	—	CK22
	矿山文化公园	—	CK30—32
	矿坑极限运动公园	—	CK33—35
	湿地公园	—	—

注：CK 代表矿坑编号。

图 7.4　矿山公园结构规划
（图片来源于《重庆渝北铜锣山矿山公园总体规划（2016—2030）》）

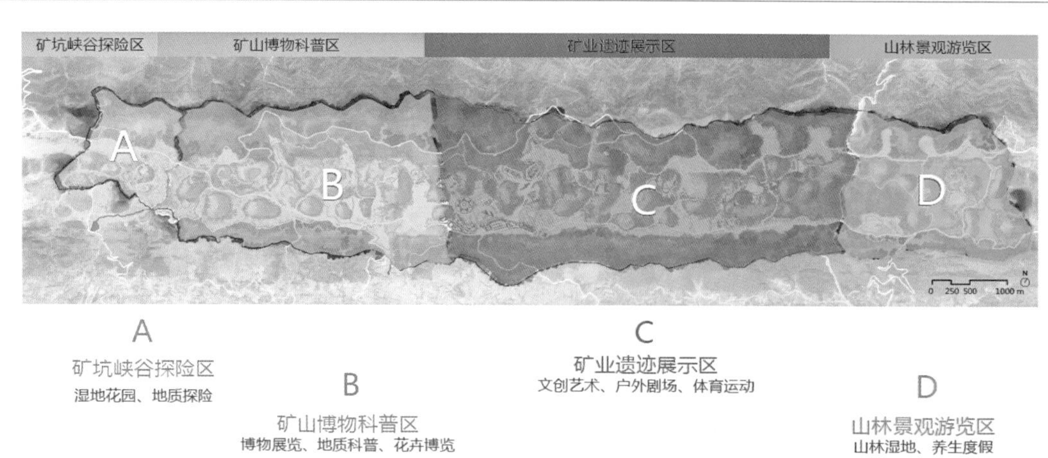

图 7.5 矿山公园功能分区规划

（图片来源于《重庆渝北铜锣山矿山公园总体规划（2016—2030）》）

1）矿坑峡谷探险区

矿坑峡谷探险区主要是在矿坑编号 1 ~ 4 的地方（图 7.6），均为有水矿坑。利用现有峡谷峭壁地形，设置能近距离观赏峭壁的凌空栈道、连接山顶与谷底的空中折桥、水上景观环道等游乐探险项目（图 7.7、图 7.8）。同时，3 号矿坑和 4 号矿坑的矿坑壁可以连接在一起设计峡谷栈道、玻璃栈道、登山步道、峡谷吊桥和高空栈道等，采用架空栈道、悬挑平台、Z 字形空中折桥（图 7.9、图 7.10）等方式，最低限度地破坏矿坑峡谷的原始风貌，让游客全方位地将各个矿坑景观联系起来，打造幽谷悬天景点，可以给游客水面、崖壁和山顶的三位观赏体验。主要的设计规划景点有矿坑湿地花园（CK1）、岩洞隧道（CK1）、凌空栈道（CK3）、360°观景环道（CK3）、青少年探险乐园（CK4）、植物迷宫、观景塔（图 7.11）。

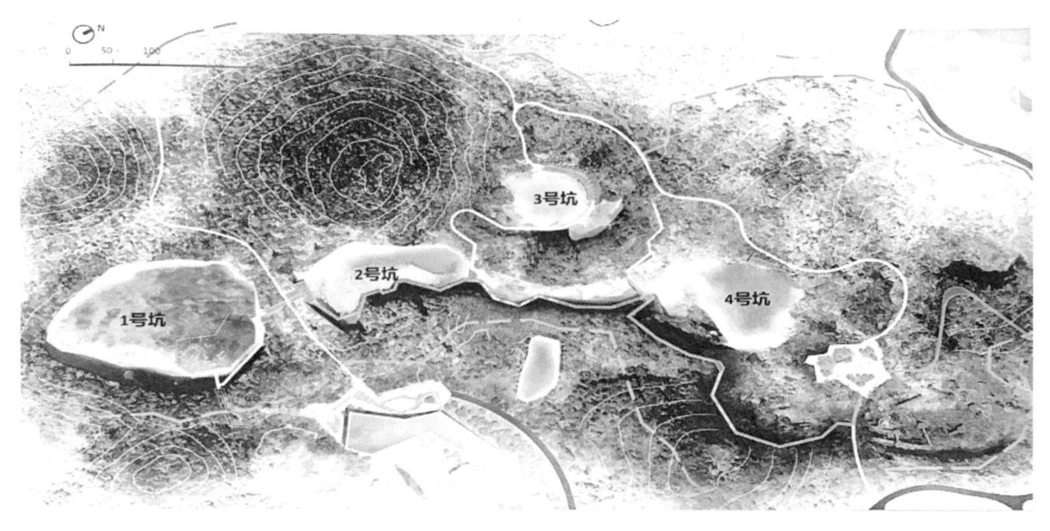

图 7.6 1 ~ 4 号矿坑的具体位置分布图

（a）时空隧道规划图

（b）水下地质展示馆规划图

（c）探索隧道规划图

图 7.7　矿山遗址公园 1 ~ 4 号矿坑规划设计图

（图片来源于《重庆渝北铜锣山矿山公园总体规划（2016—2030）》）

（a）3 号矿坑现状

（b）峡谷栈道规划设计图

图 7.8　矿山遗址公园 3 号矿坑现状与规划设计图

（图片来源于《重庆渝北铜锣山矿山公园总体规划（2016—2030）》）

（a）玻璃道规划图

（b）栈道示意图

图 7.9　矿山遗址公园 3 ~ 4 号矿坑打造幽谷悬天景点

（图片来源于《重庆渝北铜锣山矿山公园总体规划（2016—2030）》）

（a）登山步道示意图

（b）高空栈道示意图

图 7.10　登山步道和高空栈道示意图
（图片来源于《重庆渝北铜锣山矿山公园总体规划（2016—2030）》）

图 7.11　矿坑峡谷探险区景点布局
（图片来源于《重庆渝北铜锣山矿山公园总体规划（2016—2030）》）

2）矿山博物科普区

矿山博物科普区主要在矿坑编号 6 ~ 19 所在区域，有多个有水矿坑，位于中北段山谷，丘陵地形上农作物与石头组成和谐的景观。在此区域，在建金山苑居民安置点，并确定有矿坑地质博物馆、生态农业园、花海等项目。以矿山博物馆为核心，采用室内体验与室外展示相结合的方式寓教于乐。结合山谷地形，延续场地记忆，将植物与岩石完美结合，精心营造矿坑花园。严格保护湖体，形成湖、山、林、崖、瀑、田、花等多层次观赏游览体验。矿坑植物园通过精心的品种选育、栽植管理，在矿坑中打造一个多彩的露天花园，还可进行花卉种植知识培训、售卖种子幼苗等花卉相关产品等。主要的设计规划景点有矿坑植物园（CK13/14）、温室花园（CK15/16）、岩生花卉园（CK17/18/19）、花仙子动漫儿童乐园（CK11/12）、矿山公园博物馆（CK10）、生态

农业园、翡翠湖（CK8）、金山苑居民安置点（5.79 hm^2，312 户）、天成寨、石壁千亩临空都市花海观光基地、观景台、双龙庵居民安置点（2.7 hm^2，150 户）、飚水崖瀑布、狮子庙、狮子山（图 7.12）。

6 号矿坑可以规划以巴渝文化为底蕴，结合现代科技手段打造巴渝水世界（图 7.13）。将矿坑水引入矿坑顶，打造人工瀑布，结合峡谷栈道，仿佛置身水帘洞之内。同时对矿坑水进行处理，可以成为人们避暑游泳的好地方，或者将现有的建筑物进行改造，可以规划设计独具特色的矿山主题酒店以及旅游的配套设施（图 7.14）。7 号矿坑可以打造成巴渝古建筑风格的崖壁酒店（图 7.15）。8 号矿坑可以规划设计成景点心舞情岚，主要配备心形的矿坑池和人工恢复种植设计的浪漫花海（图 7.16）。8 号矿坑还可以规划设计矿崖水上剧场（图 7.17）。

图 7.12　矿山博物馆科普区景点布局

（图片来源于《重庆渝北铜锣山矿山公园总体规划（2016—2030）》）

（a）6 号矿坑实拍图

（b）6 号矿坑巴渝水世界规划示意图

图 7.13　6 号矿坑实景与巴渝水世界规划图

（图片来源于《重庆渝北铜锣山矿山公园总体规划（2016—2030）》）

图 7.14　矿山主题酒店规划图
（图片来源于《重庆渝北铜锣山矿山公园总体规划（2016—2030）》）

（a）7 号矿坑实拍图

（b）7 号矿坑悬崖酒店规划示意图

图 7.15　7 号矿坑实景与崖壁酒店规划图
（图片来源于《重庆渝北铜锣山矿山公园总体规划（2016—2030）》）

（a）8 号矿坑实拍图

（b）8 号矿坑心形池和浪漫花海规划示意图

图 7.16　8 号矿坑实景与心形池和浪漫花海规划图
（图片来源于《重庆渝北铜锣山矿山公园总体规划（2016—2030）》）

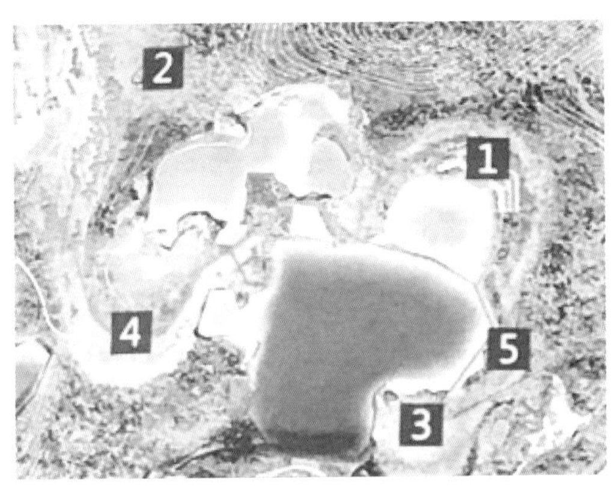

（a）8号矿坑设计图

（b）矿崖水上剧场规划示意图

图7.17　8号矿坑设计图与矿崖水上剧场规划示意图
（图片来源于《重庆渝北铜锣山矿山公园总体规划（2016—2030）》）

矿崖水上剧场可以举办一系列中国民间山水音乐节，也可以策划矿山公园国际摄影展和中国矿山国际美术大赛等高雅艺术活动。心形池还可以规划成婚礼教堂和爱情花园，这将是休闲度假的不错选择（图7.18）。

（a）8号矿坑心形池婚礼教堂示意图

（b）8号矿坑爱情花园规划示意图

图7.18　8号心形池婚礼教堂与爱情花园规划设计图
（图片来源于《重庆渝北铜锣山矿山公园总体规划（2016—2030）》）

3）矿业遗迹展示区

矿业遗迹展示区主要是在矿坑编号20～37的地方，有多个矿坑成群分布，用地相对平坦，并有关口老街、沙树湾古寨等人文资源可供挖掘。主要打造以下几个功能主题：矿山文化创意、矿业遗迹展示、大地艺术、山地运动、低空飞行体验。

主要的设计规划景点有矿山历史文化广场、关口老街、关兴文创小镇、矿坑艺术展览中心（CK23/24）、矿坑创意雕塑园（CK22）、岩洞艺术餐厅（CK22）、矿工之家主题酒店（CK20/21）、关兴艺术田园、天池居民安置点（9.17 hm^2，510户）、户外剧场（CK25/26/27/28）、沙树湾古寨、范家洞、保成寨、直升机观光服务中心（CK29）、

矿山文化公园（生产设备陈列展示）（CK30/31/32）、曾家庙居民安置点（9.17 hm^2，510户）、曾家庙、观景台、矿坑极限运动公园（CK33/34/35）、山地车主题乐园（图7.19）。

图7.19　矿业遗迹展示区景点布局

（图片来源于《重庆渝北铜锣山矿山公园总体规划（2016—2030）》）

4）山林景观游览区

山林景观游览区主要是在矿坑编号38～41的地方，位于矿坑群的最北端。该区矿坑与其他坑体有一定距离，规模较大，单面垂直峭壁，用地平坦。矿山公园最低点，地势低洼形成自然湿地景观。另外，该区树林葱郁，环境清幽，生态条件优越，有一定避暑气候优势，是古路镇和统景镇来向游客的入口。千亩果乡水果基地落户该区。

主要的设计规划景点有悬崖酒店（CK39/40/41）、房车营地、月光露营基地、山林健身步道、鸟笼观景台、李家寨、天坪千亩果乡四季水果基地、牛金山、天坪云顶养生度假中心、天坪寨、三王庙、山林湿地公园、魏家槽居民安置点（3.91 hm^2，217户）（图7.20）。

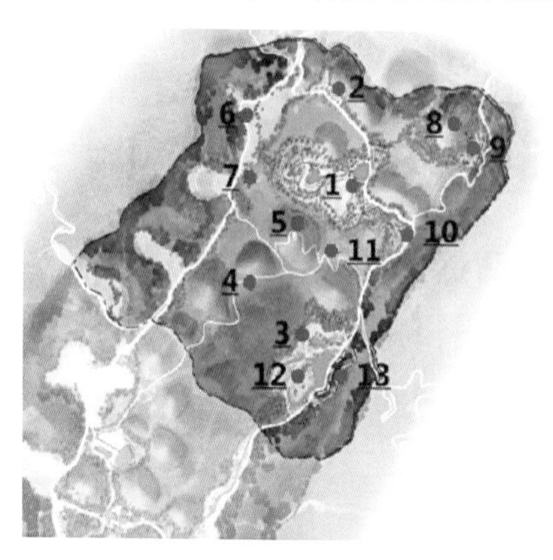

图7.20　山林景观游览景点布局

（图片来源于《重庆渝北铜锣山矿山公园总体规划（2016—2030）》）

7.2　地质矿产科普展示实践探讨

采矿显露出来的地质景观、典型地层、岩性、化石剖面或古生物活动遗迹等是不可再生的地质遗产，其具有特殊的地学研究意义，可以建立以地质科普为主的地质博物馆和生态园。地质博物馆以地学资源为载体，将地质科学与文化铺展在现代旅游行业与科普教育的坐标上，以此扩宽地区的知名度、旅游特色和品位，形成独具风格和魅力的休闲度假胜地。

地质矿产科普不仅以地质博物馆的形式展开，还可以在生态修复的过程中通过建立生态馆的形式展开。在生态修复过程中，可以有针对性地保留一部分原来的矿山遗迹，其他的进行生态修复，使两者进行对比，这样能让人们亲身感受到生态修复的重要性。根据废弃矿坑的自然环境，结合适宜的树种，构建一个微型生态系统生态园。

7.2.1　基本概况

结合矿山治理和铜锣山国家矿山公园的建设，在石壁村加强整理、提供创展等矿坑 400 ~ 500 亩用地。主要分布在矿坑编号 5 ~ 19 所在区域，景区面积 7.31 km^2，有多个矿坑湖体美不胜收，中北段山谷用地条件较好，丘陵地形上农作物与石头组成和谐的景观。包括矿山公园博物馆、青少年科普教育中心、配套检测接待中心等项目。

7.2.2　规划设想

以矿山博物馆为核心，采用室内体验与室外展示相结合的方式寓教于乐。另外，结合山谷地形，延续场地记忆，将植物与岩石完美结合，精心营造矿坑花园。同时，严格保护湖体，形成湖、山、林、崖、瀑、田、花等多层次观赏游览体验。主要的规划设想包括花仙子动漫儿童乐园（CK11/12）、矿山公园博物馆（CK10）（图 7.21、图 7.22）、生态农业园、游客接待中心（含矿山公园主题碑）、翡翠湖（CK8）、金山苑居民安置点（5.79 hm^2，312 户）、天成寨、石壁千亩临空都市花海观光基地、观景台、双龙庵居民安置点（2.7 hm^2，150 户）、飙水崖瀑布、狮子庙、狮子山等。

矿山公园博物馆位于第 10 号矿坑，博物馆色彩模拟岩石色彩，尖锐的几何外形则源于矿石切割；温室花园为蜂巢式穹顶建筑，穹顶由轻型材料 ETFE 支撑（国家游泳中心用材），室内种植非本地植物。矿坑植物园通过精心的品种选育、栽植管理，在矿坑中打造一个多彩的露天花园，还可进行花卉种植知识培训、售卖种子幼苗等花卉相关产品等。

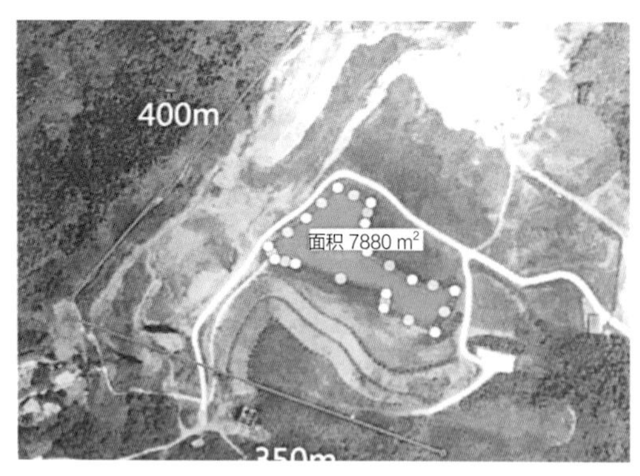

（a）10 号矿坑航拍图

（b）10 号矿坑实拍图

图 7.21　10 号矿坑航拍图与实景图

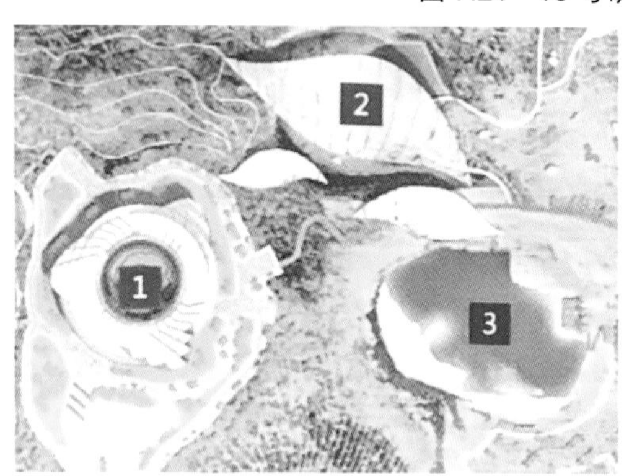

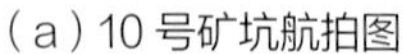

（a）博物馆航拍图

（b）博物馆规划示意图

图 7.22　矿山公园博物馆航拍图与规划图

（图片来源于《重庆渝北铜锣山矿山公园总体规划（2016—2030）》）

11 号矿坑可以规划打造成景点矿韵翠谷，结合巴渝特有的植物种为特色的生态植物馆，打造微型生态圈（图 7.23）。12 号矿坑可以规划打造成景点七彩揽月，通过调节矿坑水体的颜色，打造七彩池（图 7.24）。

（a）11 号矿坑实拍图

（b）12 号矿坑实拍图

图 7.23　11 号矿坑和 12 号矿坑实拍图

（a）11 号矿坑生态馆规划图

（b）12 号矿坑七彩池规划图

图 7.24　11 号矿坑生态馆和 12 号矿坑七彩池
（图片来源于《重庆渝北铜锣山矿山公园总体规划（2016—2030）》）

7.3　矿坑休闲旅游实践探讨

玉峰山矿坑群在区域范围内拥有悠久的开采历史，保持独一无二的采矿遗迹，通过对废弃矿坑群的规划和改造，可以打造为矿区休闲旅游胜地。通过项目建设，因地制宜地创造富有特色的休闲旅游景观，发展休闲旅游，丰富重庆的休闲旅游资源，为城乡居民提供一个生态良好的休闲度假场所以及绿色健康的娱乐场所和体验空间。具体以采摘体验、旅游餐饮、会议接待、休闲度假等休闲娱乐服务和青少年素质拓展与社会实践功能为主。

7.3.1　基本概况

矿坑休闲旅游规划是对矿山公园内矿业生产遗迹集中陈列展示的园区。主要分布在 CK20 ~ 37 所在区域，有多个矿坑成群分布，用地相对平坦，并有关口老街、沙树湾古寨等人文资源，国道 319 从景区东南角穿过。

7.3.2　规划设想

通过对矿山开采历史、建设贡献、生产加工设备等的收集整理，结合相关人文典故，注入艺术气息，采取与环境高度融合的设计手法，为游客打造内容丰富、趣味十

足的矿坑休闲旅游观光之旅。规划将统筹考虑矿坑空间形态、矿石生产流程及遗存设备形体特征，将设备作为设计元素之一，进行景观与展示一体化设计，最终建成一个以工业为主题，兼具历史感与艺术性的矿山文化公园，让被岁月侵蚀的旧厂房和机器设备焕发活力。大地艺术对环境的轻度扰动使其与矿山公园的生态恢复与重建过程可以相容，而且粗犷质朴、简练明晰，富有震撼力的艺术形式极大地提高了环境品质。矿山公园处于重庆江北国际机场航线正下方，对航空视线的回应是公园的特色与重点，引入大地艺术成为矿山遗迹更新改造的重要手段再合适不过。

引进相关文创产业，吸引艺术人才入驻，培育艺术产业，将关兴建设为文创旅游小镇；利用开采形成的不同标高的台地地形和平均深度达 76 m 的垂直峭壁，打造矿坑极限运动公园（CK33），并以此为基础组织趣味赛事、体育竞技等活动，丰富游客运动体验；引入户外剧场、夜间演绎等项目，完善夜间旅游体系；借势重庆直升机旅游观光时代的到来，设置低空飞行服务中心，与铁山坪、北碚悦榕庄等整体构建铜锣山直升机观光航线。

主要的设计规划景点有矿山历史文化广场、关口老街、关兴文创小镇、矿坑艺术展览中心（CK23 ~ 24）、矿坑创意雕塑园（CK22）、岩洞艺术餐厅（CK22）、矿工之家主题酒店（CK20 ~ 21）、关兴艺术田园、天池居民安置点（9.17 hm^2，510 户）、户外剧场（CK25 ~ 28）、沙树湾古寨、范家洞、保成寨、直升机观光服务中心（CK29）、矿山文化公园（生产设备陈列展示）（CK30 ~ 32）、曾家庙居民安置点（9.17 hm^2，510 户）、曾家庙、观景台、矿坑极限运动公园（CK33 ~ 35）、山地车主题乐园。

对 33 号矿坑，可以利用矿坑崖壁大高落差优势打造景点极限之巅——极限运动乐园，可以规划旷野滑索、矿坑过山车等休闲娱乐项目（图 7.25、图 7.26）。打造独具矿山特色的极限之巅体验。同时，还可以利用矿山的独特地形策划全民健康主题活动，策划国际矿山马拉松系列赛、重庆青年荧光夜跑节、重庆矿山公园国际骑行节、盲障

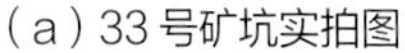

（a）33 号矿坑实拍图

（b）33 号矿坑规划图

图 7.25　33 号矿坑实拍图与规划图

（图片来源于《重庆渝北铜锣山矿山公园总体规划（2016—2030）》）

公益陪跑等活动，推出特色矿坑休闲旅游名片。

图 7.26　极限运动乐园设计图

（图片来源于《重庆渝北铜锣山矿山公园总体规划（2016—2030）》）

对 23 号矿坑主要的规划是打造矿山艺术嘉年华（图 7.27、图 7.28），24 号矿坑主要打造以科幻题材为主题的景点幻谷天成，通过规划设计让人仿佛置身梦境的梦幻谷，该景点的占地面积 3 hm^2 左右（图 7.29、图 7.30）。

（a）23 号矿坑航拍图

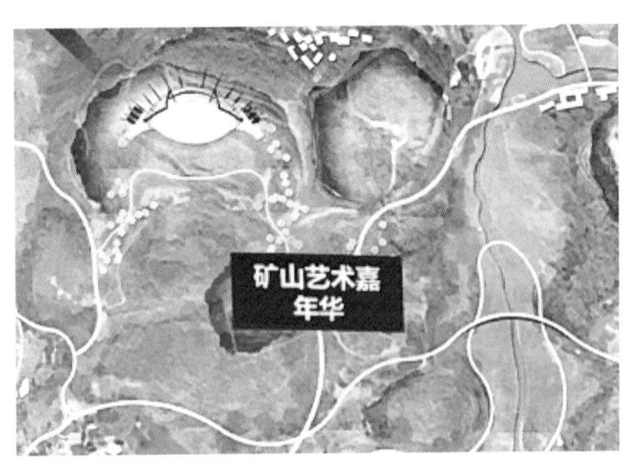

（b）23 号矿坑矿山艺术嘉年华规划图

图 7.27　23 号矿坑实拍图与矿山艺术嘉年华规划图

（图片来源于《重庆渝北铜锣山矿山公园总体规划（2016—2030）》）

图 7.28　矿山艺术嘉年华规划图

（图片来源于《重庆渝北铜锣山矿山公园总体规划（2016—2030）》）

（a）24 号矿坑航拍图

（b）24 号矿坑幻谷天成规划图

图 7.29　24 号矿坑实拍图与幻谷天成规划图

（图片来源于《重庆渝北铜锣山矿山公园总体规划（2016—2030）》）

（a）幻谷天成规划图 1

（b）幻谷天成规划图 2

图 7.30　幻谷天成规划图

（图片来源于《重庆渝北铜锣山矿山公园总体规划（2016—2030）》）

7.4　生态农业开发实践探讨

废弃矿坑所拥有的环境资源可转化成极大的农业生产价值，可以规划成农业用地。主要是调整和优化农业产业结构，改善农业产业环境，提升农业产业水平，发展绿色环保生态农业模式。具体表现为园艺与水产绿色产品生产功能，不仅可以发展当地的农业生产，还可以把耕作行为作为景观。它既是一种生产方式，也是一种空间艺术。通过发展生态农业观光园，宣扬生态理念，传承生态文化，普及生态知识，倡导生态生活，在治理生态修复及再利用、弘扬生态文化理念、展示现代生态农业文明等方面

具有独特的典范意义。

7.4.1 基本概况

生态农业开发规划主要分布在 CK38 ~ 41 的地方，位于矿坑公园最北端，占地 4.08 hm^2。该区矿坑与其他矿坑之间有一定距离，且规模较大，单面垂直峭壁。该区树林葱郁，环境清幽，生态条件优越，有一定避暑气候优势，是古路镇和统景镇来向游客的入口。

近年来，利用近郊的地理位置，立足传统产业基础，大力发展果蔬产业，走生态观光旅游农业之路。现今有标准化柑橘园 5 万余亩，葡萄基地 2 000 余亩，还有脆红李、柚子、樱桃等基地，是名副其实的"四季果乡"。通过整合农业资源与旅游资源，将乡村旅游与农业观光休闲、节庆活动有机结合起来，夏天有葡萄文化节，冬天有年猪节。

7.4.2 规划设想

以保护原始山林田园自然景观，利用矿坑作为旅游接待设施建设用地，集中打造特色悬崖酒店和房车营地；以水果基地和湿地景观为旅游吸引物，抓住银发旅游与休闲养老机遇，发展养老度假事业，打造近郊养生度假基地。艺术田园是以农业为基底，融合农业观光、农事体验、创意文化等多功能于一体的乐活艺术园区，其主要项目包括农田艺术、稻草艺术、主题庙会、创意集市、民俗表演、田园步道等（图 7.31）。充分利用山林、果乡、田园、村寨等现状资源组织开发旅游活动，提升旅游景点品质，完善配套旅游接待设施，将该区打造成世外桃源般的旅游度假地，实现"农业开发 + 生态旅游"的双赢模式。主要的规划景点包括山林健身步道、鸟笼观景台、李家寨、天坪千亩果乡四季水果基地、牛金山、天坪云顶养生度假中心、山林湿地公园、魏家槽居民安置点（3.91 hm^2，217 户）等（图 7.32）。

图 7.31　玉峰山石壁村果蔬基地

（a）水果基地示意图

（b）山林湿地公园示意图

（c）花园景观示意图

（d）温室花园示意图

图 7.32　生态农业开发规划设计图

34 号矿坑（图 7.33）主要的规划定位为以亲子教育、自然疗养、生态观光为目标的景点——桃源雅筑（图 7.34）。可以通过农园教学和开展亲子活动来促进人与大自然直接的接触和融洽的亲子关系的形成，还可开展生态共享农庄与在线农产品众筹定制等活动（图 7.35）。可以通过全球招募山民计划，让更多的人体验农业的重要性，还可以将绿色生态农业推向全球。可以开展定制的生态文旅活动以及开展国际青少年生态文明夏令营/冬令营，打造具有重庆主题矿山特色文化的全生态自然营地，形成重庆主题的矿奇野趣特色夏令营和冬令营。

（a）34 号矿坑实拍图

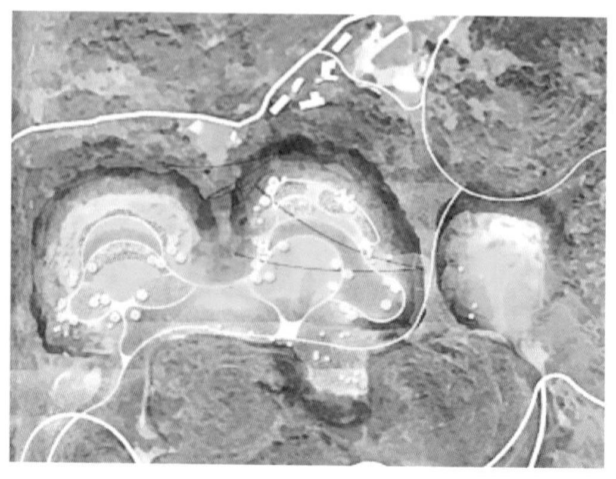

（b）桃源雅筑规划图

图 7.33　34 号矿坑实拍图和桃源雅筑规划图

（a）园艺疗养示意图

（b）亲子活动示意图

图 7.34　园艺疗养和亲子活动示意图

图 7.35　生态农庄规划图

7.5　巴渝民宿实践探讨

玉峰山地处重庆的上风上水之处，据记载此处先民活动交流频繁，有着“上风都”的美誉，并有“仙女乘船”“古战场遗址”等众多历史文化传说。此外，区内还有石壁石刻、关口老街、范家洞、曾家庙、三王庙、沙树湾古寨等人文景点。在充分传承巴

渝民俗文化的同时打造特色巴渝民俗，实现“文化 + 旅游”开发模式。在矿业遗迹展示区，将采矿遗留下来的建筑改造成具有矿山公园特色的矿工之家主题酒店，通过精心设计，让游人亲身体验采矿人的生活；在山林景观游览区利用矿坑的地势，设计悬崖酒店，让游客最大限度地欣赏矿坑独具一格的魅力，通过房车露营、星光露营等方式给游客提供不同的居住体验，充分展现巴渝的历史文化。

7.5.1　基本概况

玉峰山废弃矿坑群的再利用设计中一共涉及 3 个不同的结合当地巴渝村寨改造的特色民宿类型：第一种类型是位于生态农业园内部的花海农舍；第二种类型是位于关兴文创小镇与关口老街的文创小镇民宿（图 7.36）；第三种类型是结合矿坑打造的矿坑主题酒店和悬崖酒店。

（a）关口老街文创小镇

（b）关口老街文创小镇规划示意图

图 7.36　关口老街文创小镇与规划图

（图片来源于《重庆渝北铜锣山矿山公园总体规划（2016—2030）》）

7.5.2　规划设想

规划区在保护原始山林田园自然景观的前提下，结合当地的巴渝文化特色，利用矿坑作为旅游接待设施建设用地，集中打造特色悬崖酒店和房车营地，打造品质巴渝民宿品牌。合理利用山林、果乡、田园、村寨等现状资源组织旅游活动，提升旅游景点品质，完善配套旅游接待设施，将该区打造成世外桃源般的旅游度假地。主要的民宿类型如图 7.37 所示。

结合矿坑打造的矿坑主题酒店和悬崖酒店主要分布在6号矿坑和7号矿坑。将现有的建筑物进行改造，可以规划设计独具特色的矿山主题酒店以及旅游的配套设施。根据6号矿坑的场地特点，以巴渝文化为底蕴，通过现代科技手段打造巴渝水世界。通过将矿坑水引入矿坑顶部，打造人工瀑布。7号矿坑可以打造成具有巴渝古建筑风格的崖壁酒店。

（a）天成寨

（b）悬崖酒店

（c）矿坑主题酒店

（d）月光营地

图7.37 巴渝民宿主要类型示意图

（图片来源于《重庆渝北铜锣山矿山公园总体规划（2016—2030）》）

参考文献

包维楷，刘照光，刘庆 . 2000. 生态恢复重建研究与发展现状及存在的主要问题 [J]. 世界科技研究与发展，23(1): 4-48.

卞正富 . 2005. 我国煤矿区土地复垦与生态重建研究 [J]. 资源产业，7(2): 18-24.

曹琦 . 2012. 采石场的景观修复和再造研究 [D]. 天津：天津大学 .

陈晨 . 2012. 采石废弃地的景观更新设计研究 [D]. 福州 : 福建农林大学 .

陈法扬 . 2002. 城市化过程中的废弃采石场治理技术探讨 [J]. 中国水土保持，9(5): 39-40.

陈伊 . 2014. 废弃采石场的景观改造研究 [D]. 景德镇 : 景德镇陶瓷学院 .

代宏文 . 1995. 澳大利亚矿山复垦现状 [J]. 中国土地科学，9(4): 23-24.

方星，许权辉，胡映，等 . 2020. 矿山生态修复理论与实践 [M]. 北京：地质出版社 .

裴文明，张慧，姚素平，等 . 2018. 淮南矿区不同类型沉陷水域水质遥感反演和时空变化分析 [J]. 煤田地质与勘探，046(003):85-90,97.

黄敬军 . 2006. 废弃采石场岩质边坡绿化技术及废弃地开发利用探讨 [J]. 中国地质灾害与防治学报，(9): 69-72.

胡娉婷 . 2011. 东莞市采石场废弃地景观规划与更新研究 [D]. 长沙 : 湖南农业大学 .

金丹，卞正富，2009. 国内外土地复垦政策法规比较与借鉴 [J]. 中国土地科学，23(10):66-73.

李晋川，白中科，柴书杰，等 . 2009. 平朔露天煤矿土地复垦与生态重建技术研究 [J]. 科技导报，27(17): 30-34.

李汀蕾 . 2013. 城市采石废弃地再利用建设方式与设计策略研究 [D]. 大连：大连理工大学 .

李苓苓 . 2008. 技术在矿山废弃地生态修复中的应用研究 [D]. 北京：首都师范大学 .

梁留科，常江，吴次芳，等 . 2002. 德国煤矿区景观生态重建土地复垦及对中国的启示

[J]. 经济地理，22(6)：711–715.

刘玉杰，江伟，孙爱迪 . 2006. 莱山区采石矿区水土保持现状及综合治理措施建议 [J]. 山东水利，(5)：31+34.

刘志斌 .2001. 法国复 LAMARTINIE 露天煤矿的排土场建设及其生态恢复 [J]. 露天采煤技术，(4):27–30.

罗明，王军 . 2012. 双轮驱动有力量——澳大利亚土地复垦制度建设与科技研究对我国的启示 [J]. 中国土地，4:51–53.

潘明才 . 2002. 德国土地复垦和整理的经验与启示 [J]. 国土资源，22(1): 50–51.

盛卉 . 2009. 矿山废弃地景观再生设计研究 [D]. 南京 : 南京林业大学 .

汤惠君，胡振琪 . 2004. 试论采石场的生态恢复 [J]. 中国矿业，13(7): 38–42.

王存存 . 2008. 采石废弃地景观规划与改造利用 [D]. 泰安 : 山东农业大学 .

王洁，王震声 . 2004. 21 世纪资源型矿区经济模式的选择 [J]. 中国经济评论，(12): 77–79.

王荣华 . 2015. 浅谈景观设计中如何体现地域文化特色 [J]. 中小企业管理与科技：下旬刊，(12): 155.

薛其山，陈鹏，王留军 . 2008. 徐州市贾汪区地质灾害调查与防治规划 [R].

杨冰冰，夏汉平，黄娟 . 2005. 采石场石壁生态恢复研究进展 [J]，生态学杂志，24(2): 181–186.

杨振意，薛立，许建新 . 2012. 采石场废弃地的生态重建研究进展 [J]. 生态学报，(16): 325–335.

袁哲路 . 2013. 矿山废弃地的景观重塑与生态恢复 [D]. 南京：南京林业大学 .

张凤麟，孟嘉 . 2004. 矿业城市可持续发展与环境保护问题 [J]. 中国矿业，13(12): 52–56.

周进生，李兰，习椒丽 . 2005. 澳大利亚恢复废弃矿区，走可持续生态矿业之路 [J]. 国土资源，5:51–52.

张猛 . 2012. 基于采石场水土流失防治技术 [J]. 黑龙江水利科技，(2): 111–112.

章梦涛，付奇峰，吴长文 . 2000. 岩质坡面喷混快速绿化新技术浅析 [J]. 水土保持研究，(3):65–66,75.

郑涛，车伟光 . 2009. 废弃采石场生态恢复以及景观再生研究 [J]. 草原与草坪，134(3): 65–68.

左寻，白中科 . 2002. 工矿区土地复垦、生态重建与可持续发展 [J]. 中国土地科学，16(2): 39–42.

CLEMENTE A S, WERNER C, MAGUAS C, et al. 2004.Resto ration of a limestone quarry: Effect of soil amendments on the establishment of native Mediterranean sclerophyllous shrubs [J] . Restoration Ecology,12 (1):20–28.

HANCOCK G R, LOCH R J, WILLGOOSE G R. 2003. The design of post–mining landscapes using geomorphic principles[J]. Earth Surface Processes and Landforms, 28(10): 1097–1110.

JIM C Y. 2001.Ecological and Landscape Rehabilitation of a Quarry Site in Hong Kong[J]. *Restoration Ecology*, (9): 85–94.

LAUSITZER B V. 1994.Naturschutz in der Bergbau folgelandschaft Suedbrandenburrgs[M]. Brisk: Selbstverlag, 4–35.

RILEY S J. 1995.Geomorphic estimates of the stability of a uranium mill tailings containment cover[J]. Land Degradation and Rehabilitation, (6): 1–16.

SIEGFRIED L. 1998.Der Betriebsplan–Instrumentarium fuer die Wiedemutzbarmachung. Wolfram Plug. Braunkohletagebau and Rekultivierung[M]. Berlin: Springer, 68–77.

SOPHIA B, Z R, MIRJANA P. 2010.A bioengineering approach for rational vaccine design towards the Ebola Virus[J]. Bmc Bioinformatics, 11(Suppl 10): 012.

RILEY J D, CRAFT I W, RIMMER D L, et al. 2004. Restoration of magnesian limestone grassland: Optimizing the time for seed collection by vacuum harvesting[J]. Restoration Ecology, (3):313–317.

索　引